上海科技创新中心指数报告2019

SHANGHAI SCIENCE AND TECHNOLOGY INNOVATION CENTER INDEX REPORT 2019

上海市科学学研究所 编著

2019

内容提要

本书遵循“创新3.0”时代科技创新与城市功能发展规律，以创新生态视角，着眼于创新资源集聚力、科技成果影响力、新兴产业引领力、创新辐射带动力和创新环境吸引力，构建了包括5项一级指标、共计33项二级指标的上海科创中心指数指标体系，并以2010年为基期（基准值为100），合成了2010—2018年的上海科技创新中心指数。

本书可供相关研究人员和政府部门参考。

图书在版编目（CIP）数据

上海科技创新中心指数报告. 2019 / 上海市科学学研究所编著. —上海：上海交通大学出版社，2020
ISBN 978-7-313-23823-8

Ⅰ.①上… Ⅱ.①上… Ⅲ.①科技中心—指数—研究报告—上海—2019 Ⅳ.①G322.751

中国版本图书馆CIP数据核字（2020）第181690号

上海科技创新中心指数报告2019
SHANGHAI KEJI CHUANGXIN ZHONGXIN ZHISHU BAOGAO 2019

编　　著：上海市科学学研究所
出版发行：上海交通大学出版社　　地　　址：上海市番禺路951号
邮政编码：200030　　电　　话：021-64071208
印　　制：上海锦佳印刷有限公司　　经　　销：全国新华书店
开　　本：889 mm × 1194 mm　1/16　　印　　张：5
字　　数：129千字
版　　次：2020年11月第1版　　印　　次：2020年11月第1次印刷
书　　号：ISBN 978-7-313-23823-8
定　　价：98.00元

PREFACE 前言

2019

当前，上海正在加速迈向具有全球影响力的科技创新中心，不断提升城市科技创新策源能力，引领长三角乃至全国的科技创新发展。

为了更好地把握科技创新中心发展的规律和需求，及时客观地监测和评估科创中心发展的成效，自2016年起，在上海市科学技术委员会的指导和支持下，上海市科学学研究所组织课题组，开展了上海科技创新中心指数的研究与编制工作。指数报告以翔实的数据统计分析为基础，以深化的数据结构分析为支撑，力求反映上海科技创新发展的主要特征、趋势及薄弱环节。《上海科技创新中心指数报告2019》是该系列报告的第4期。

研究报告遵循"创新3.0"时代科技创新与城市功能的发展规律，以创新生态视角切入，着眼于创新资源集聚力、科技成果影响力、新兴产业发展引领力、区域创新辐射带动力和创新创业环境吸引力"五个力"，构建了包括5项一级指标，共计33项二级指标的上海科创中心指数指标体系，并以2010年为基期（基准值为100），计算得出2010—2018年的上海科技创新中心指数分值，为上海建设全球科创中心提供支撑与参考建议。

"上海科技创新中心指数"研究编制组

2019年12月

CONTENTS 2019

目录

5 区域创新辐射带动力研究分析

6 创新环境吸引力研究分析

7 附录

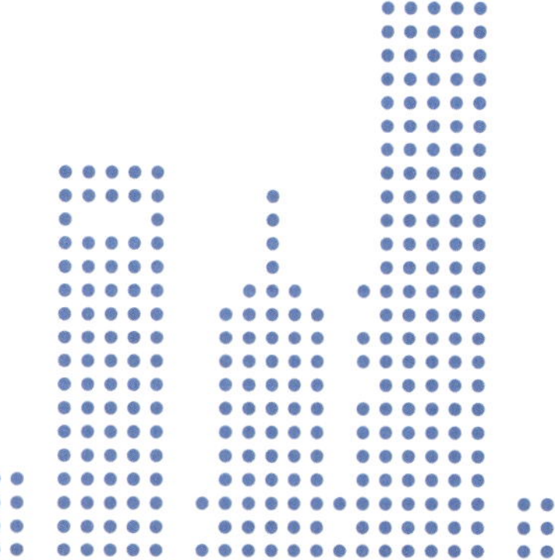

1

2019年上海科技创新中心指数概览

- 2019年上海科技创新中心指标体系基本框架
- 上海科技创新中心综合指数发展情况
- 上海科技创新中心指数一级指标发展情况
- 上海科技创新中心指数二级指标发展情况
- 科创中心发展对比分析

SSTIC Index2019

1.1 2019年上海科技创新中心指标体系基本框架

为进一步跟踪上海科技创新中心的发展情况，体现科技创新发展的优势和短板所在，推动上海形成具有全球影响力的创新策源中心，2019年，上海科技创新中心指数以创新资源集聚力、科技成果影响力、区域创新辐射带动力、新兴产业发展引领力、创新创业环境吸引力为一级指标，形成了指标体系的基本框架。

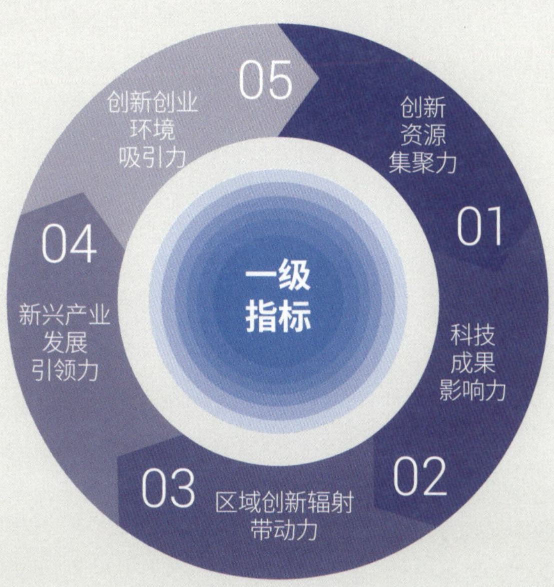

整个指标体系共计5个一级指标和33项二级指标，如表1-1所示。

表1-1　上海科技创新中心指数指标体系

	一级指标	二级指标	
上海科技创新中心指数	创新资源集聚力	**全社会研发经费投入相当于GDP的比例**	★
		规模以上工业企业研发经费与主营业务收入之比	
		每万人R&D人员全时当量	★
		基础研究占全社会研发经费支出比例	★
		创业投资及私募股权投资总额	
		国家级研发机构数量	
		科研机构高校使用来自企业的研发资金	
	科技成果影响力	国际科技论文收录数	
		国际科技论文被引数量	
		PCT专利申请量	★
		每万人口发明专利拥有量	★
		国家级科技成果奖励占比	
		500强大学数量及排名	
		全球"高被引"科学家上海入围人次	
	新兴产业发展引领力	**全员劳动生产率**	★
		知识密集型产业从业人员占上海市从业人员比重	
		知识密集型服务业增加值占GDP比重	★
		战略性新兴产业制造业增加值占GDP比重	★
		每万元GDP能耗	
		上海市高新技术企业总数	
		技术合同成交金额	
	区域创新辐射带动力	外资研发中心数量	
		向国内外输出技术合同额	★
		向长三角（苏浙皖）输出技术合同额占比	
		高新技术产品出口额	
		财富500强企业上海本地企业入围数和排名	
	创新创业环境吸引力	环境空气质量优良率	
		研发加计扣除与高企税收减免额	
		公民科学素质水平达标率	
		新设立企业数占比	★
		在沪外国常住人口	
		固定宽带下载速率	
		上海独角兽企业数量	

注释：加★指标为核心指标。

1.2 上海科技创新中心综合指数发展情况

如图1-1所示，2018年上海科技创新中心指数达到281.9，同比增长10.51%，连续7年保持两位数增长，在全市经济下行中，科技创新仍呈现出强劲的发展动力，成为上海社会、经济、城市新一轮发展的重要驱动力。从总体发展趋势来看，呈现以下两个基本特征。

图1-1　上海科技创新中心综合指数发展情况

总指数稳步提升，发展后劲较强

2018年上海科技创新中心指数得分为281.9，相比2010年的100增长了181.9%，年均增速13.83%，远高于上海近8年GDP的平均增速8.38%，创新引领发展的基本格局逐渐形成。

增速波动起伏，幅度逐步收窄

从2010—2018年上海科技创新中心指数发展来看，指数增长率呈现出显著的波动情况：一方面，波动区间在2015—2017年最大，2016年上海科技创新中心指数增速同比提高10个百分点，2017年下降9个百分点，2018年增速持续下降3个百分点；另一方面，从发展趋势来看，2015年《加快建设具有全球影响力的科技创新中心的意见》发布，科创中心建设驶入“加速道”，随着近几年的快速发展，上海科技创新基础不断加强，创新基数大幅提升，增长极限效应逐步显现，未来要继续保持高速增长将面临巨大挑战，指数波动区间将逐步收窄。

1.3 上海科技创新中心指数一级指标发展情况

2018年上海科技创新中心指数一级指标发展情况如图1-2和图1-3所示，相比近年来的发展动态，呈现出了明显的分化趋势。

01 从静态比较来看

2018年上海科技创新中心指数一级指标中，科技成果影响力得分最高为344.98分，之后依次为新兴产业发展引领力287.07分、创新创业环境吸引力267.42分、科技创新辐射带动力261.05分，得分最低为全球创新资源集聚力213.63分。其中，科技成果影响力得分超过创新资源集聚力131.35分，差距不断扩大，说明目前上海科技成果影响力加速提升，对长三角、全国乃至全世界科技创新领域具有较大的影响力，对未来进一步集聚全球创新资源、服务国家战略、服务地区民生打下了坚实的基础。

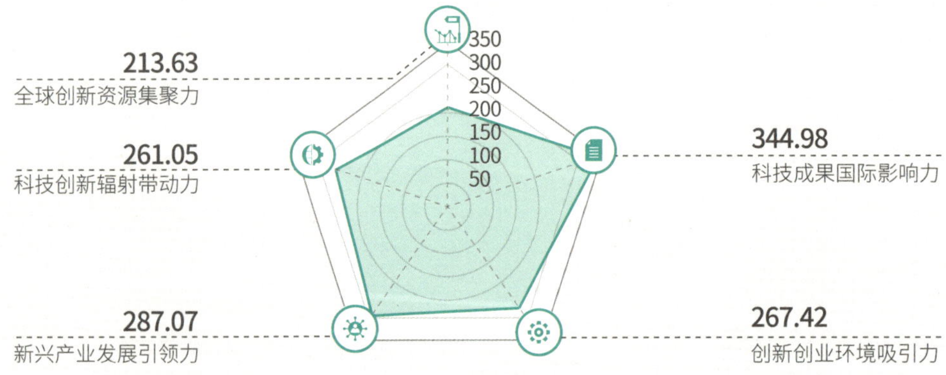

图1-2 上海科技创新中心指数各一级指标发展情况

02 从动态趋势来看

2018年上海科技创新辐射带动力为261.05分，同比增速29.70%，远高于其他各项一级指标，说明2018年上海科技创新对周边城市乃至全国科技创新发展提供了重要的推动力，“创新策源能力”的功能形态逐步显现；新兴产业发展引领力增长17.64%，在面临经济下行压力加大的背景下，上海新兴产业发展成为支撑经济转型、引领高质量发展的重要承载；科技成果影响力和创新创业环境吸引力分别增长9.13%和3.17%，在践行建设科创中心这一宏伟使命之初，上海科技成果影响力和创新创业环境吸引力快速发展，经过高速增长期后增速逐渐收敛，保持稳中有进的基本发展态势；相对而言，创新资源集聚力2018年得分为213.63分，同比下降2.71%，自2010年以来，首次出现下滑。可见，随着科创中心建设的不断提速，创新驱动发展战略的深入实施，上海的创新资源集聚已经达到了非常高的水准，各项创新资源集聚水平都远超全国平均水平，实现引领；同时，由于受地域空间和城市发展实际情况的限制，进一步增长的空间十分有限，诸多相关指标进入停滞区间。

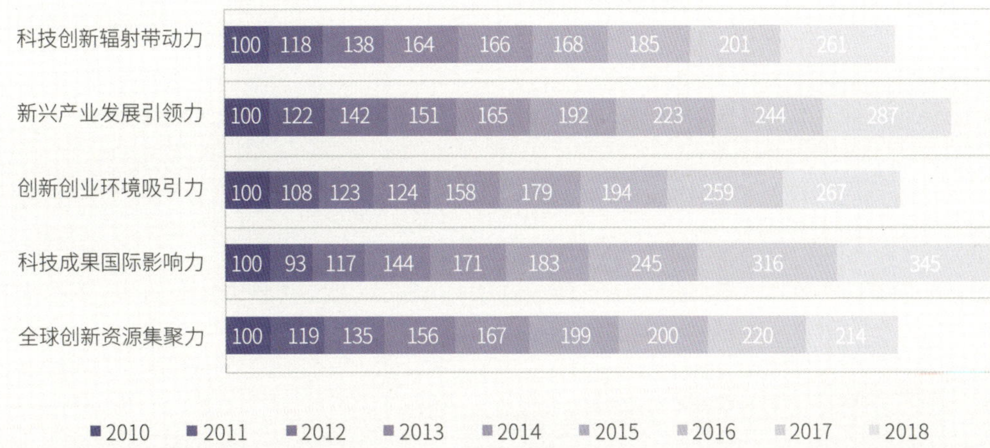

图1-3　上海科技创新中心指数各一级指标增长趋势

03　从发展平衡性来看

近年来，上海科技创新中心各一级指标增速变化的平衡性逐渐减弱，从上海科技创新中心各一级指标增长率方差变化情况可以看出，2018年增速方差达到峰值0.012 9，显著高于前7年的增速方差，说明这些年上海科技创新中心指数增长的各一级指标之间的平衡性相对减弱。2018年各一级指标的最大分差高达32.4%，高出平均增速近3倍，其中，科技创新辐射带动力的高增速与创新要素集聚力的下降形成了发展失衡上的鲜明对比。

2012年，上海科技创新中心各一级指标增长率方差为0.002，且在2015年之前，均保持在较低水平，2012—2015年平均方差仅为0.006 4，说明上海科创中心各一级指标发展较为均衡。从发展规律来看，基于创新投入产出分析视角下，科技创新中心“五力”的均衡发展是长期可持续发展的重点所在，过度失衡容易减弱创新发展的后劲，随着科技创新中心发展阶段的前进，补短板成为未来上海科技创新发展的重要突破口。

“

补短板成为未来上海科技创新发展的重要突破口

2012—2015年平均方差仅为0.006 4

上海科技创新中心各一级指标增速变化的平衡性逐渐减弱

科技创新中心“五力”的均衡发展是长期可持续发展的重点所在

2018年各一级指标的最大分差高达32.4%

”

1.4 上海科技创新中心指数二级指标发展情况

如表1-2所示，从二级指标近3年的增长率前5位排名来看，固定宽带下载速率的增长率最高，为181.7%，从2015年的11.31%增长到2018年的31.86%，说明宽带下载速率在近3年有显著提升，同时，对创新创业环境吸引力一级指标起到了重要的提升作用。

从另一方面来看，目前增速和发展较为缓慢的指标大部分集中在创新资源集聚力之中，如创业投资及私募股权投资（VC/PE）总额、基础研究占全社会研发经费支出比例，以及每万人R&D人员全时当量等，可见整体创新资源集聚水平发展进入增速缓慢阶段。

表1-2　上海科技创新中心指数各二级指标发展情况

一级指标	序号	二级指标	增长率	排名
创新资源集聚力	1	全社会研发强度★	0.0904	24
	2	规上企业研发强度	0.0000	27
	3	每万人R&D人员全时当量★	0.0556	26
	4	基础研究占全社会研发经费比例★	-0.0488	30
	5	创业投资及私募股权投资总额	-0.0773	32
	6	国家级研发机构数量	0.1233	19
	7	科研机构高校使用来自企业的研发资金	-0.0506	31
科技成果影响力	8	国际科技论文收录数	0.4219	13
	9	国际科技论文被引数量	0.5204	8
	10	PCT专利申请量★	1.3585	2
	11	每万人发明专利拥有量★	0.6929	6
	12	国家级科技成果奖励占比	-0.0060	28
	13	500强大学数量及排名综合指数	0.4308	12
	14	全球"高被引"科学家上海入围人次	0.6250	7
新兴产业发展引领力	15	全员劳动生产率★	0.2642	14
	16	知识密集型产业从业人员占比	0.1364	17
	17	知识密集型服务业占GDP比重★	0.1038	23
	18	战略性新兴产业增加值占GDP比重★	0.1133	22
	19	每万元GDP能耗	0.1304	18
	20	高新技术企业数量	0.5161	10
	21	技术合同成交额	0.8407	4
区域创新辐射带动力	22	外资研发中心数量	0.1136	21
	23	向国内外输出技术合同额★	0.5161	9
	24	向长三角输出技术合同占比	0.9630	3
	25	高新技术产品出口额	0.0858	25
	26	财富500强上海企业数量和排名综合指数	0.1221	20
创新创业环境吸引力	27	环境空气质量优良率	0.1471	16
	28	研发加计扣除与高企税收减免额	0.7807	5
	29	公民科学素质水平达标率	0.1694	15
	30	新设企业占比★	-0.1122	33
	31	在沪外国常住人口	-0.0337	29
	32	固定宽带下载速率	1.8170	1
	33	独角兽企业数量	0.4615	11

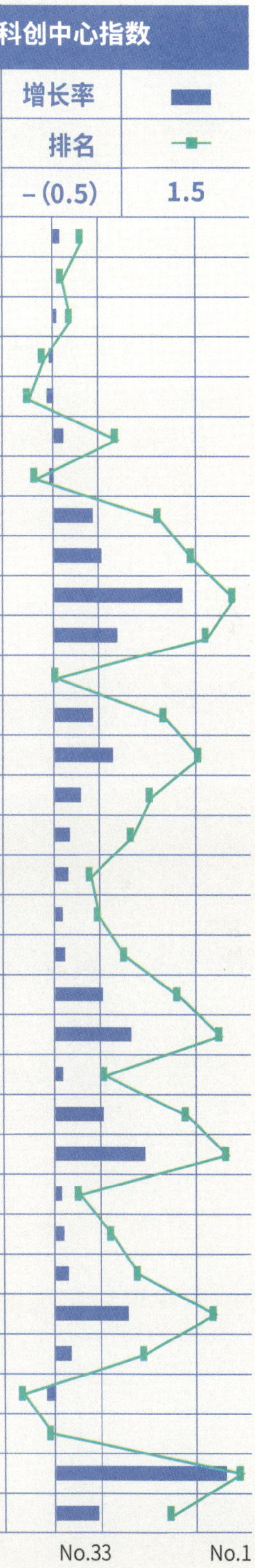

上海科创中心指数：增长率（柱）、排名（折线）；坐标 –(0.5) 至 1.5；No.33 至 No.1

注：二级指标增长率情况为近3年平均增长率数据。

1.5 科创中心发展对比分析

当前，北京、上海两个科技创新中心建设正在不断加速推进，率先代表国家深度参与国际科技创新竞争与合作，两个科创中心建设进程和发展情况成为我国科技创新的重要标志。同时，对两个科技创新中心发展情况的跟踪和比较逐渐成为关注重点，进一步形成错位发展和重点聚焦，推动科技创新引领经济社会高质量发展。图1-4为北京、上海科技创新中心发展对比。

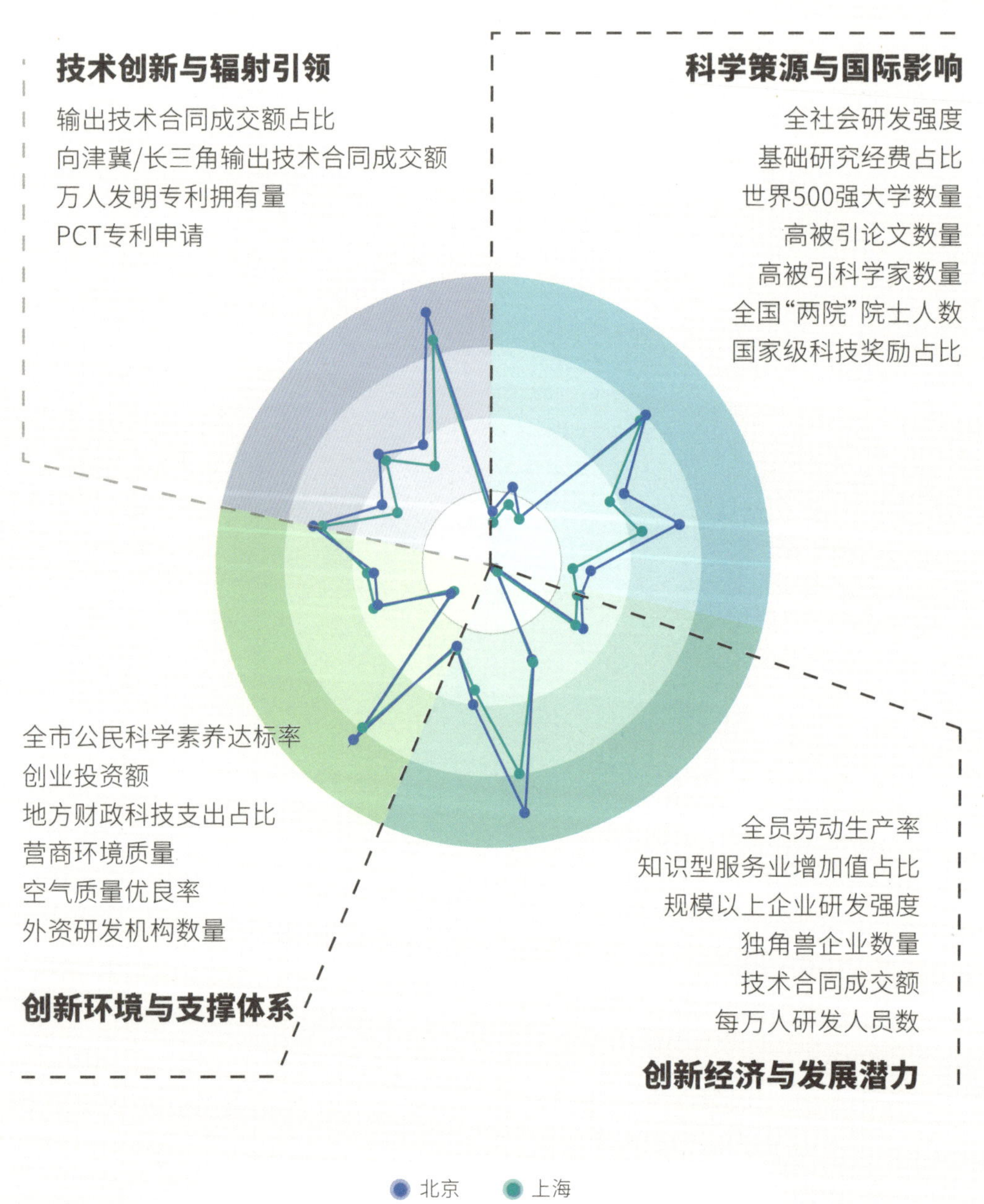

图1-4 北京、上海科技创新中心发展对比

注：为有效控制不同指标之间的数量级差距，对北京、上海科技创新中心建设各项指标均进行了对数化处理。

根据《北京全国科技创新中心指数2019》报告与《上海科技创新中心指数2019》的对比，由于指标体系构建和评价方法略有不同，为了有效地将2组数据进行科学对比，选取科学策源与国际影响、创新经济与发展潜力、技术创新与辐射引领、创新环境与支撑体系4个方面共计23项指标进行对标，结果如图1-4所示。从整体情况来看，北京科技创新中心发展指标和上海科技创新中心发展指标各有所长。首先，在研发投入、基础研究占比、重大科技成果和国际影响等领域，北京发展情况占据领先地位，首都科技创新资源的集聚能力和总部优势显而易见，与上海相比具备一定优势。其次，一些事关经济发展方面的指标情况较为接近，如全员劳动生产率，北京为24.4万/人年，上海为23.8万/人年。最后，上海在市场机制和创新环境方面具有一定的发展优势，如规模以上工业企业研发强度上海为1.42，超过北京的1.32；上海空气优良率达到81.1%，高于北京的62.2%。除此之外，由于北京、上海两个科技创新中心的要素禀赋不同、优势领域不同、区位条件不同，两地科技创新中心发展指标存在一定的差异。

2

创新资源集聚力研究分析

- 全社会研发强度稳步增长
- 企业研发投入不断提升
- 研发人员总量趋稳
- 基础研究投入有待提升
- 风险投资高位波动
- 战略科技力量不断加强
- 产学研合作亟须增强

SSTIC Index2019

2.1 全社会研发强度稳步增长

近年来，上海全社会研发投入比重不断增强，投入强度已超过世界众多发达国家和地区。从增长速度来看，近年来，上海全社会研发投入强度的增速逐步放缓，2018年全社会研发经费投入占GDP的比例为4.16%，同比增长2.54%，全社会研发投入2018年为1 359亿元（见图2-1），同比增长9.19%，增速显著高于GDP增长水平，创新驱动发展的基础不断夯实，研发投入的规模保持稳步增长，形成了支撑上海科技创新发展的最根本保障。

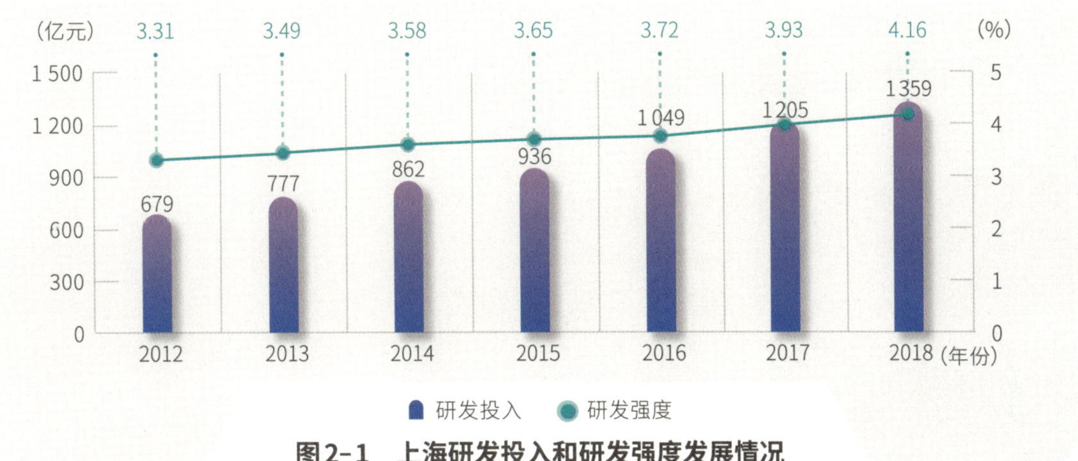

图2-1　上海研发投入和研发强度发展情况

数据来源：根据历年《上海科技统计年鉴》整理而得。

从研发结构来看，企业创新主体地位不断加强，2018年企业投入研发资金839.53亿元（见图2-2），同比增长16.63%，成为全社会研发投入最大的主体。从研发资金执行来看，企业创新活力不断提升，2018年，企业执行研发资金857.73亿元（见图2-3），同比增长14.74%，保持较好的发展势头。同时，高等院校和科研机构共执行研发资金472.48亿元，为高质量的创新源头供给提供了重要的经费支撑。此外，创新驱动发展战略的深入不断推动政府加大科技创新投入，2018年，政府资金投入研发471.25亿元，近6年来的年均增速高达13.11%，且发展势头逐年上升。

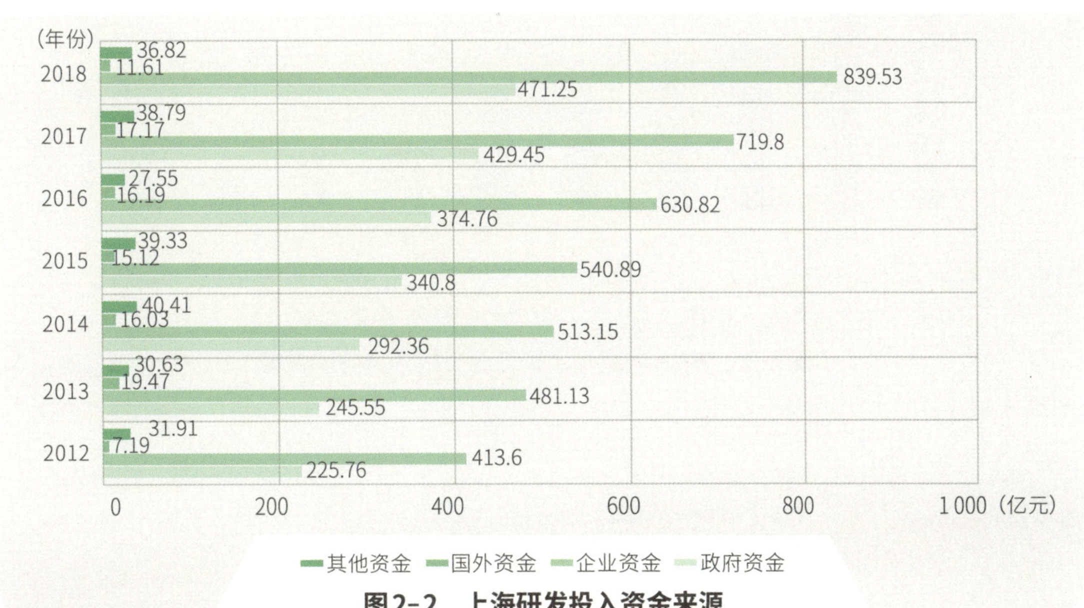

图2-2　上海研发投入资金来源

数据来源：根据历年《上海科技统计年鉴》整理而得。

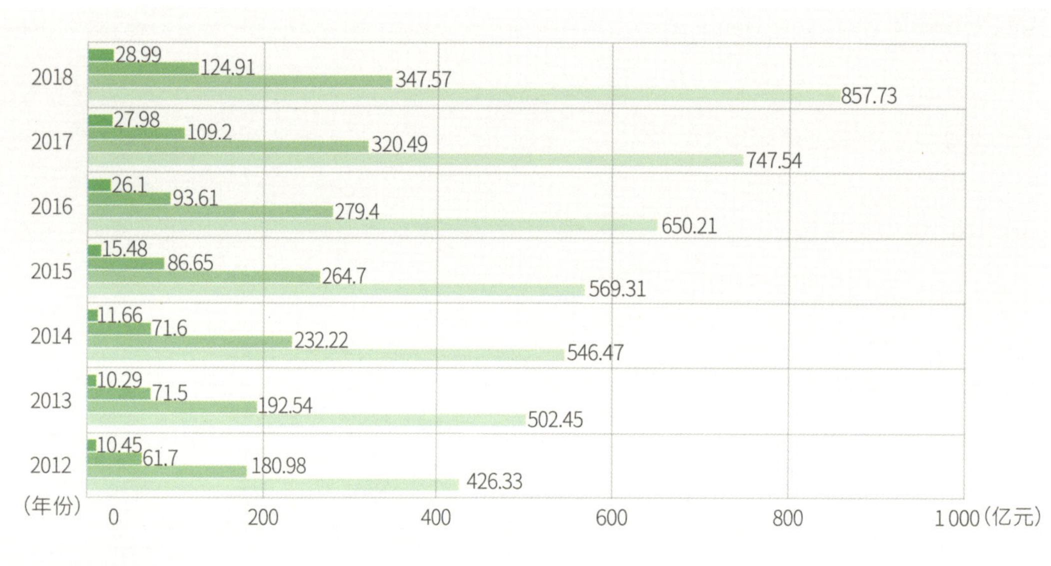

图2-3　上海各执行部门研发经费

数据来源：根据历年《上海科技统计年鉴》整理而得。

从横向对比来看，广东、江苏、北京研发投入经费规模较大，2018年广东、江苏、北京研发投入分别为2 704.7亿元、2 504.4亿元和1 870.8亿元，成为我国研发投入最大的3个地区（见图2-4）。在研发强度方面，排名前三的分别是北京、上海和广东，研发强度分别为6.17%、4.16%和2.78%，领先于全国其他省份，相对而言，上海的研发投入和研发强度在全国仍处于较高水平。同时，在长三角地区，江苏、上海的研发投入与研发强度具有优势。

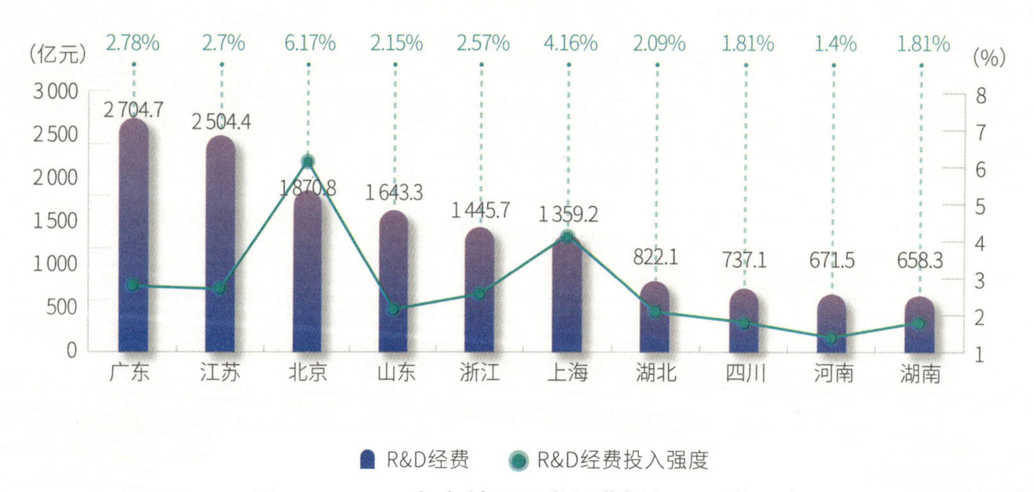

图2-4　2018年各地区研发经费投入及研发强度

资料来源：国家统计局．中国科技统计年鉴2019［M］．北京：中国统计出版社，2019.

在2009—2018年10年间各省份研发经费投入累计值排名中，上海以8 371亿元位列第六，年均增长率为13.84%，与广东、江苏、北京等地研发经费投入累计值略有差距。在增速方面，广东、江苏、浙江年均增长率分别为17.11%、15.18%和15.38%，略高于上海（见图2-5）。从当前发展趋势来看，未来广东、江苏、浙江的研发投入累计总量和年投入量均会进一步提升，成为全国研发投入的重镇。

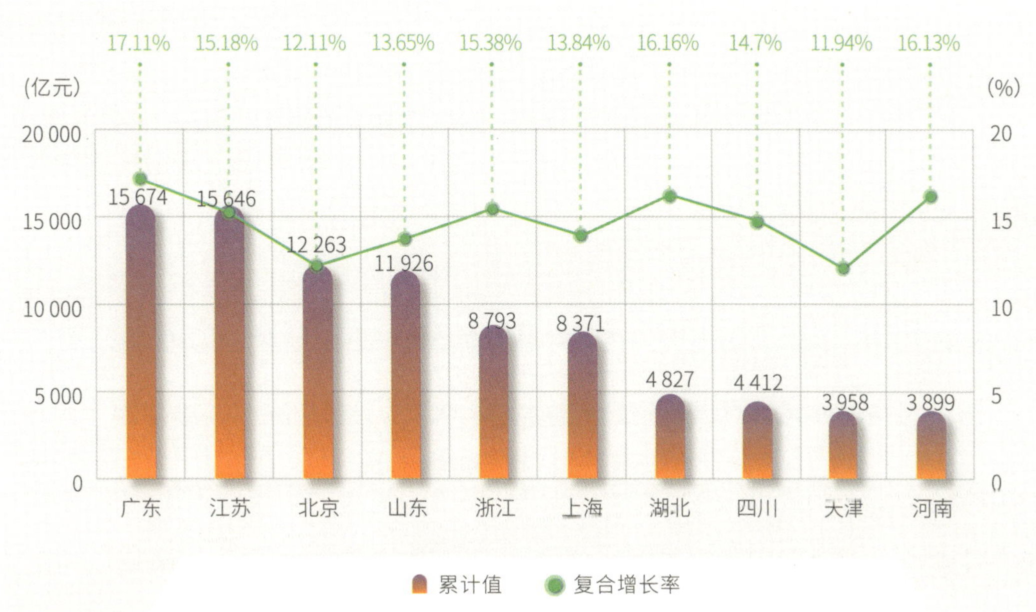

图2-5　2009—2018年研发经费投入累计总量及复合增长率

数据来源：根据历年《中国科技统计年鉴》整理而得。

2.2 企业研发投入不断提升

2018年上海规模以上工业企业研发经费占主营业务收入之比为1.39%，略低于2017年的1.42%，从2015年开始，上海规模以上工业企业研发经费占主营业务收入基本保持在1.40%上下波动，趋于平稳（见图2-6）。由于企业全生命周期政策和普惠性政策的力度不断加大，上海企业投入研发创新的积极性不断提高，总的来说，目前上海规模以上企业研发强度比2010年提高了65%左右。

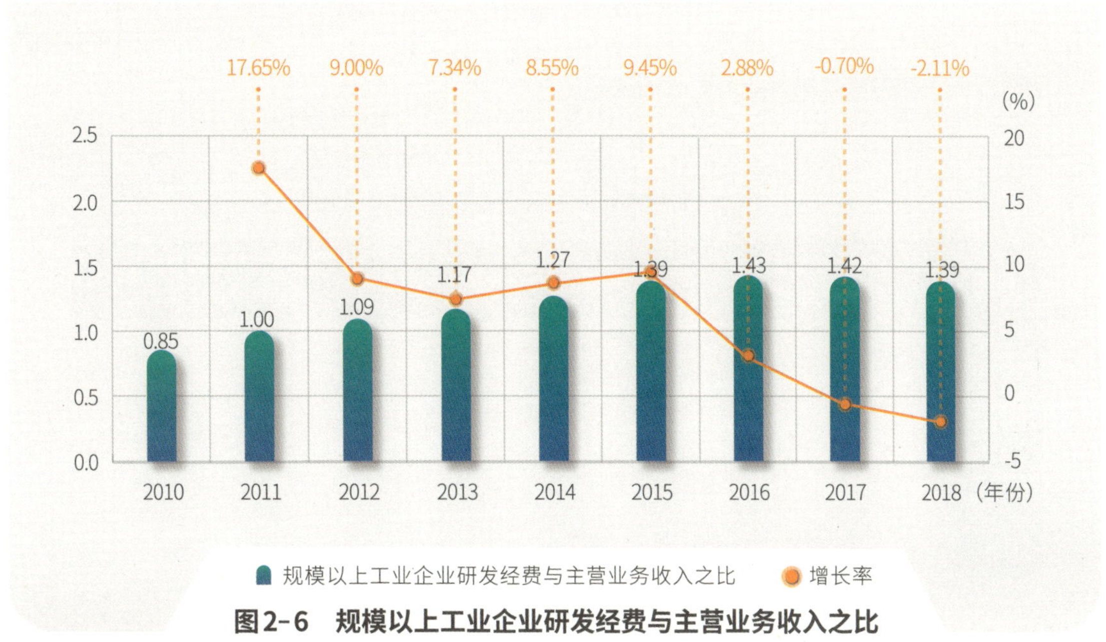

图2-6　规模以上工业企业研发经费与主营业务收入之比

数据来源：根据历年《上海科技统计年鉴》整理而得。

从规模以上工业企业研发投入最多的各地区和城市的比较中可以看出，2017年浙江省规模以上工业企业研发经费占主营业务收入比重最高，数值达到1.57%，其次为上海1.42%、广东1.39%、北京1.30%、江苏1.23%，相对而言，山东规模以上工业企业研发投入占主营业务收入比重较低，仅为1.11%（见图2-7）。总体来看，浙江和上海企业研发强度最高，为科技创新有效促进经济发展提供了重要基础。

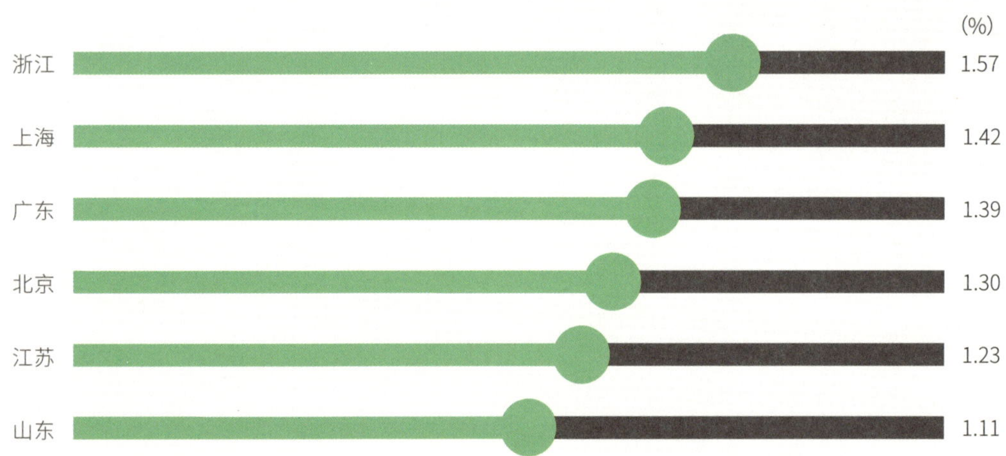

图2-7　2017年各地区规模以上工业企业研发经费与主营业务收入之比

资料来源：中国科学技术发展战略研究所.中国区域科技创新评价报告2018［R］.北京：中国科学技术发展战略研究所，2018.

2018年，上海规模以上企业研发经费支出为554.88亿元。按不同类型企业分类，2018年，上海内资企业研发支出为258.25亿元，占规模以上企业研发总支出的46.54%，同年，浙江、广东、江苏、北京规模以上内资企业研发支出占企业总研发支出比重均高于上海，分别为77.60%、74.42%、70.21%和69.54%（见表2-1）。可见，上海内资企业研发投入相对较少，进一步促进内资企业提升创新动力成为未来政策引导的关键所在。

表2-1　各地区规模以上工业企业研发经费支出情况

省市	规模以上企业研发经费支出（亿元）	内资企业研发支出（亿元）	内资企业研发支出占企业总研发支出比重（%）
上海	554.88	258.25	46.54
北京	269.09	187.12	69.54
江苏	2 025.52	1 422.14	70.21
浙江	1 147.39	890.37	77.60
广东	2 107.20	1 568.12	74.42

数据来源：根据《2019年中国科技统计年鉴》及各地区统计年鉴整理而得。

上海龙头企业行业领域众多

从龙头企业分布和发展情况来看，根据《2018年度欧盟产业研发投入记分牌》报告显示，2017—2018年全球研发投入最多的2 500家企业中，上海有38家企业入选（见表2-2）。其中，接近60%的企业是规模以上工业企业，说明上海创新能力强的规模以上工业企业仍占据创新发展的主导地位。

表2-2　上海入选记分牌的38家企业

行业领域	企业数量	数量占比	投入规模（亿欧元）	投入占比	平均投入强度
技术硬件与设备	7	18.4%	5.596	9.1%	0.799
电子与电气设备	5	13.2%	2.878	4.7%	0.576
软件与计算机服务	4	10.5%	2.221	3.6%	0.555
移动通信	1	2.6%	1.006	1.6%	1.006
医药与生物技术	5	13.2%	4.197	6.8%	0.839
健康护理设备与服务	1	2.6%	0.366	0.6%	0.366
工业工程	4	10.5%	5.627	9.2%	1.407
普通工业	2	5.3%	1.342	2.2%	0.671
汽车与零部件	3	7.9%	13.939	22.7%	4.646
建筑与材料	2	5.3%	7.621	12.4%	3.811
工业金属与采矿	1	2.6%	5.06	8.2%	5.060
化工	1	2.6%	0.422	0.7%	0.422
媒体	1	2.6%	0.646	1.1%	0.646
旅行与休闲	1	2.6%	10.576	17.2%	10.576
总计	38	100%	61.497	100%	1.618

数据来源：根据《2018年度欧盟产业研发投入记分牌》整理而得。

上海创新型旗舰企业缺乏

从旗舰型企业创新发展情况来看，名列榜首的韩国三星公司2017—2018财年研发经费投入为134亿欧元（2017年为122亿欧元，排名第4），美国谷歌公司和德国大众公司分别以134亿欧元、131亿欧元位列第2、第3位，谷歌排名与去年一致，大众排名下降了2位。我国华为公司研发经费投入为113亿欧元，排在第5位，比去年提升1位（见图2-8）。相对而言，上海排名第1的上海汽车研发投入仅13.3亿欧元，与全球顶尖跨国公司研发投入相比仍存在一定差距。

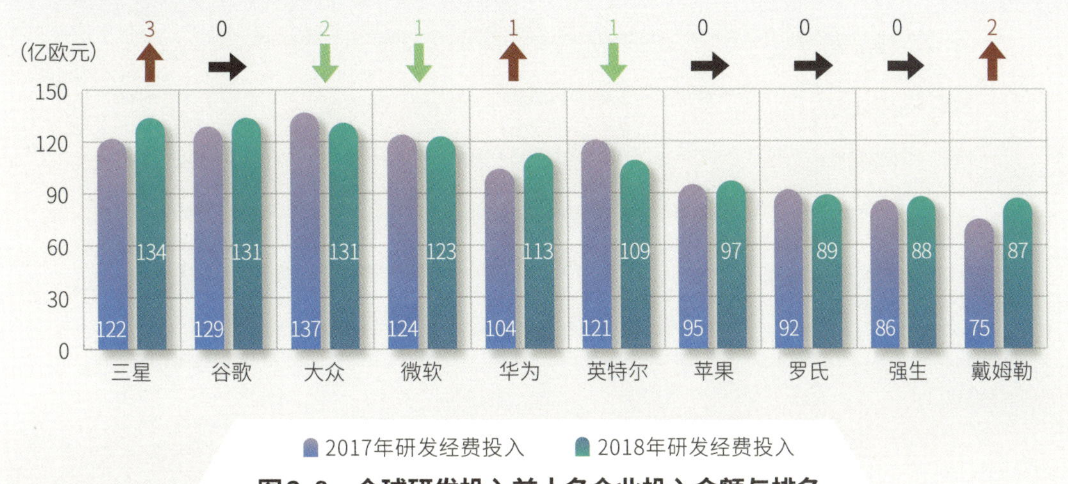

图2-8　全球研发投入前十名企业投入金额与排名

数据来源：根据《2018年度欧盟产业研发投入记分牌》整理而得。

2.3 研发人员总量趋稳

2018年上海每万人中拥有研发人员78人，与前两年相比有所提升，同比增长2.63%（见图2-9），从2018年全国情况对比中可以看出，2018年上海每万人拥有研发人员数超过全国平均水平近3倍，超过长三角平均水平29.22%，在长三角区域内呈现显著的引领态势，仅次于北京的每万人拥有研发人员124.11人，说明上海研发人员规模和占比已经达到较高的水平，人才驱动创新发展的格局初具规模。但从另一方面来看，受制于城市空间和创新发展的增长局限，未来研发人员的总量增长空间有限，吸引高水平人才集聚、优化人才结构成为未来上海科技创新中心践行高质量发展的重要突破口。

图2-9　上海每万人研发人员全时当量及增长率

数据来源：根据历年《上海科技统计年鉴》整理而得。

从研发人员构成来看，当前，规模以上企业拥有研发人员数量达到88 967人（见图2-10），远高于高等院校和科研机构研发人员的总和。但从趋势来看，规模以上企业拥有研发人员数量同比下降9.83%，首次呈现下降趋势，而高校、科研机构研发人员仍保持稳定增长趋势，研发聚焦点逐步向前端迁移。更多的研发人员向从事基础研究和应用基础研究较多的高校、科研机构集聚，为上海进一步提升创新策源能力提供了有力支撑。

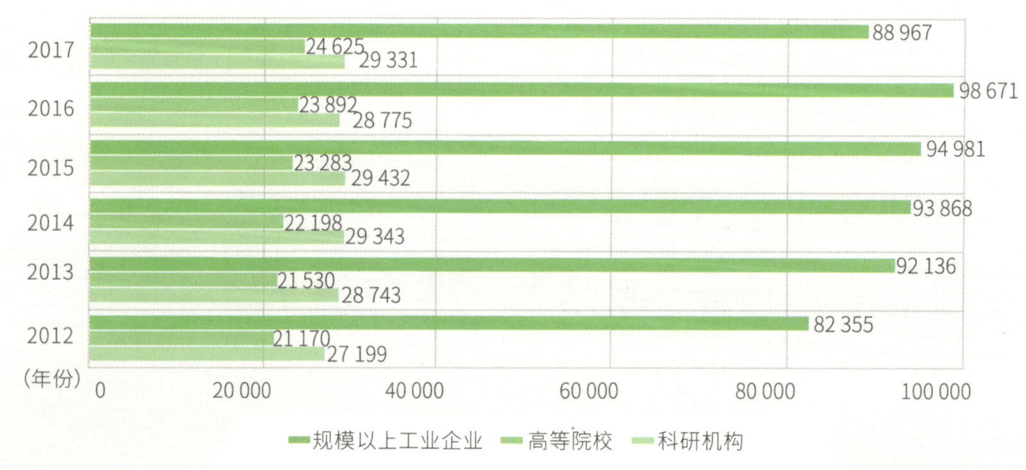

图2-10　上海各执行部门拥有研发人员情况（人）

数据来源：根据历年《上海科技统计年鉴》整理而得。

2.4 基础研究投入有待提升

2018年，上海基础研究投入102.65亿元，占所有研发投入比重的7.8%（见图2-11），相对发达国家和地区仍有不足。对标全球主要发达国家基础研究占研发支出的比重基本为10%以上（见图2-12），在基础研究投入方面，上海应当继续发力，为提升创新策源能力提供有效保障。从增长速度来看，2012—2018年，上海基础研究累计增长108.81%，略高于全社会研发投入增速的93.68%。跟北京相比，上海基础研究投入仍存在一定差距，据统计，2018年，北京基础研究投入占研发投入的比重为14.8%，经费总量达到277.8亿元。

图2-11 上海基础研究经费投入情况

数据来源：根据历年《上海科技统计年鉴》整理而得。

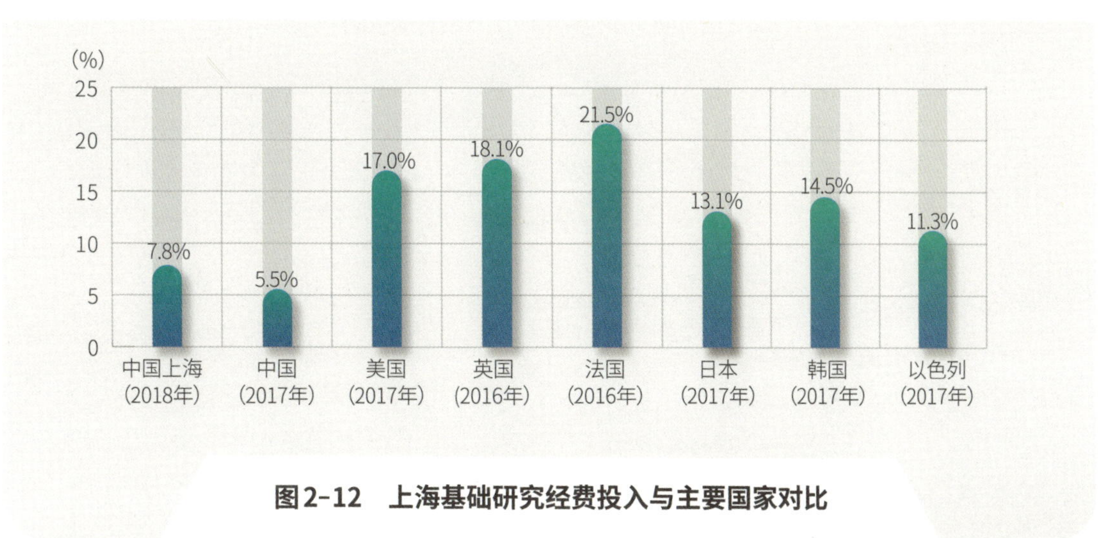

图2-12 上海基础研究经费投入与主要国家对比

资料来源：OECD. Research and Development Statistics [EB/OL]. (2019-07-01) [2020-01-21] .https://stats.oecd.org/.

2.5 风险投资高位波动

2018年上海创业投资及私募股权投资总额为1 276.53亿元，同比下降31.86%（见图2-13）。2010—2014年风投总额基本在300亿元上下波动，2015—2018年上海风投金额得到快速增长，2015年高达1 383.52亿元，超过往年2.5倍有余，之后上海风险投资资本一直处于较大幅度的波动，2017年达到波峰，年风险投资总额高达1 873.28亿元，总的来看，上海风险投资总额还是处于震荡向上的趋势。根据北京发布的《北京全国科技创新中心指数》来看，2018年北京仅创业投资额就高达1 988.54亿元，超过上海50%。因此，为进一步提升金融对科技创新发展的支撑力度，上海风投资本发展仍有待提升。

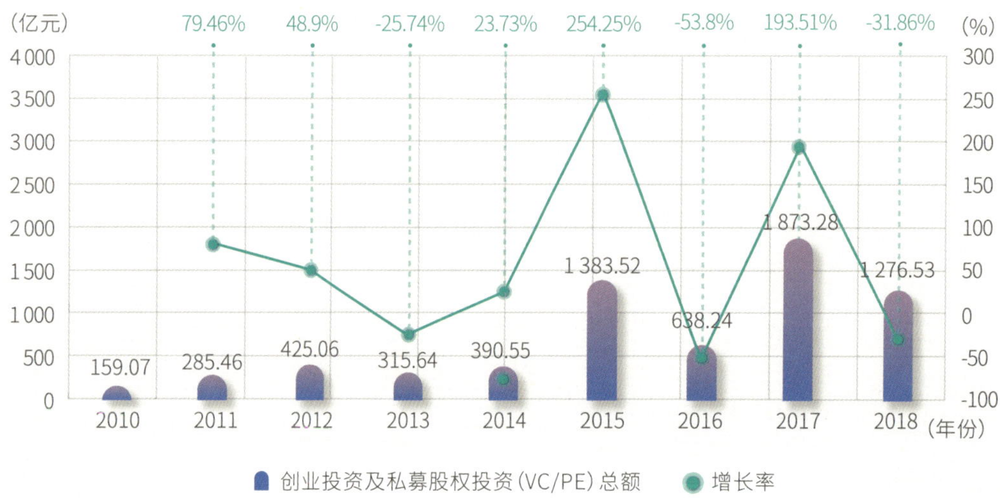

图2-13　上海创业投资暨私募股权投资情况

资料来源：清科研究.中国创业投资暨私募股权投资统计报告［EB/OL］.（2019-01-09）［2020-01-21］.https://www.pedata.cn/report_do/index.html.

科创板25家首批上市企业

2018年11月5日，国家主席习近平在上海举行的首届中国国际进口博览会开幕式上宣布，将在上海证券交易所设立科创板并试点注册制，支持上海国际金融中心和科技创新中心建设，不断完善资本市场基础制度。2019年1月30日，证监会发布《关于在上海证券交易所设立科创板并试点注册制的实施意见》，确定科创板的精准定位及重要支持的高新技术领域。7月22日，科创板正式步入“交易时间”，首批25家科创企业集中上市。截至11月29日，科创板上市公司数已达到56家，另有10家企业处于发行中。

从地区分布来看，科创板首批25家上市企业中有20家注册在北京、江苏、上海、广东等5个地区，其中，北京、上海各申报5家。从行业分布来看，主要分布于新一代信息技术、新材料、生物和高端装备制造4个领域，其中，新一代信息技术企业达13家。从申请上市的标准来看，80%的企业选择第一套上市标准，即预计市值不低于10亿元，最近2年净利润为正且累计不低于5 000万元，或最近1年净利润为正且最近1年营业收入不低于1亿元，说明科创板公司具有“小”的特点。

2.6 战略科技力量不断加强

2018年，上海共拥有国家级研发机构164家，增速创历史新高，同比增长9.33%（见图2-14），支撑创新驱动发展的核心力量不断加强。国家级重点实验室、国家工程技术研究中心、国家企业技术中心数量持续增长，体现了上海的基础创新资源集聚能力不断提升。

图2-14 上海国家级研发机构数量发展情况

数据来源：根据历年《上海科技统计年鉴》整理而得。

2018年上海市拥有的市级研发机构包括上海市重点实验室126家，上海市专业技术服务平台224家，上海市工程技术研究中心320家，上海市企业技术中心619家，大规模的研发机构给学术知识、科学发明、产业应用等创新链条提供了创新资源基础，形成了上海科技创新的沃土（见图2-15）。

图2-15 2018年上海市研发机构数量

资料来源：上海市科学技术委员会.2019上海科技进步报告［R］.上海：上海市科学技术委员会，2020.

研发与转化功能型平台建设和运行

首批研发与转化功能型平台建设成效初显。上海微技术工业研究院、石墨烯、生物医药、集成电路、智能制造和类脑芯片等平台，在共性技术服务、人才队伍集聚和科技成果转化等方面初见成效。如上海微技术工业研究院孵化的磁存储器、CMOS集成六轴传感器等技术达到业界领先水平，已启动平台的引进团队总数超过500人，首批"1+5"功能型平台正在成为科技成果转化和产业化的重要载体。

第二批研发与转化功能型平台启动立项。机器人、低碳技术、工控安全服务、工业互联网、科技成果转化和科技创新资源数据中心等平台加快启动立项程序。《上海市研发与转化功能型平台管理办法（试行）》《关于进一步开展研发与转化功能型平台培育和建设工作的通知》等政策明确了平台的财政资金投入方式，规范和加强了平台的建设和运行管理，努力形成"开放竞争、动态调整、市区联动、上下结合"的功能型平台建设发展新格局。

2.7 产学研合作亟需增强

2018年，科研机构和高校使用来自企业的研发资金共计30.93亿元，比2017年减少6.68亿元，同比下降17.76%。2010—2016年，科研机构和高校使用企业资金的数额稳步增加，2017—2018年开始下降（见图2-16）。该指标体现了产学研之间的协同，使得高校科研机构在做研究时不仅考虑论文、专利等基础研究成果，更需要进一步考虑研究成果在企业发展竞争中的实际应用与转化，对接企业需求，提供技术咨询服务等。

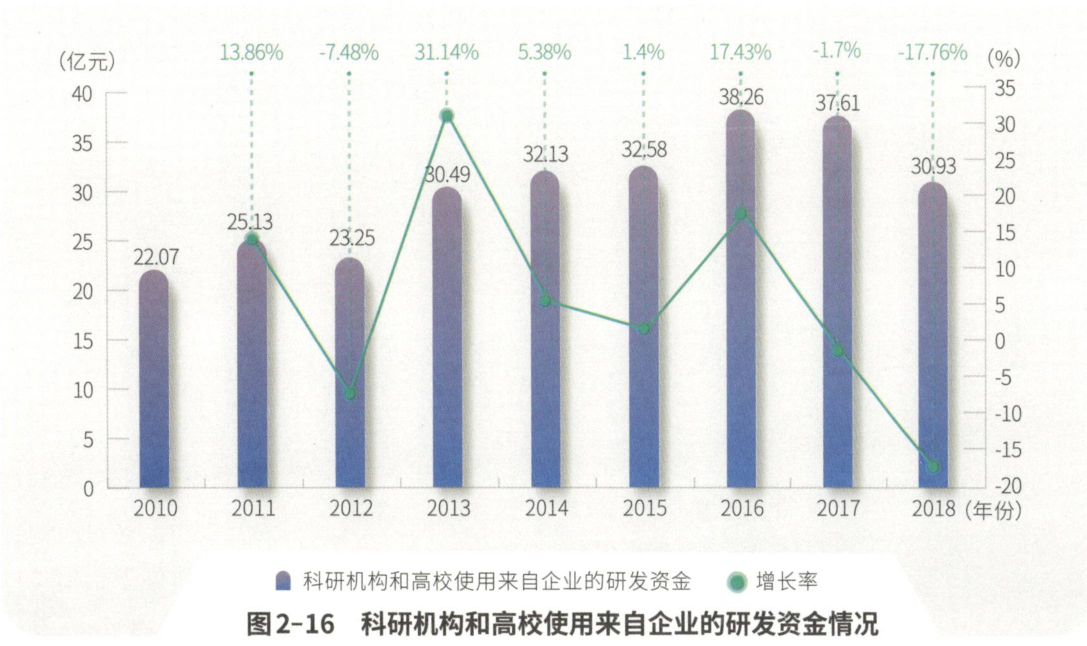

图2-16 科研机构和高校使用来自企业的研发资金情况

数据来源：根据历年《上海科技统计年鉴》整理而得。

上海大学与中国商飞上航公司产学研合作项目

2018年度"上海产学研合作优秀项目奖"中特等奖获得者是上海大学与中国商飞上航公司的合作项目《提升飞机研制能力的大数据应用示范工程建设》。项目聚焦民用飞机生产制造、数据管理、分析应用的实际问题，将大数据应用到民用飞机生产制造的场景中，是大数据技术服务我国高端制造业的例证，也是产学研合作在大飞机事业中的实践。

上海大学与中国商飞上航公司长期合作，学校和企业的科研团队在民机研制业务上均有专长，校企双方各尽所长、协同创新，在能力建设、成果应用等方面制定了切实可行的方案策略，获得了产学研合作项目的成功，为科技成果转移转化及商业化应用做出了贡献。

3

科技成果影响力研究分析

- 前沿科学研究水平凸显
- PCT专利申请数呈现指数级上升
- 每万人口发明专利拥有量稳步上升
- 上海科技创新斩获大量国家荣誉
- 高校科学策源能力不断提升

SSTIC Index2019

3.1 前沿科学研究水平凸显

2018年，上海国际科技论文收录量共计49 142篇，同比增长3.74%，8年间年均增长率达6.55%，说明上海国际科技论文收录量处于稳步增长阶段。2013年与2016年有2次增长高峰，增长率分别达到19.64%与24.13%（见图3-1）。

图3-1 上海国际科技论文收录数及增长率

数据来源：根据《2018国际大都市科技创新能力评价》整理而得。

2018年，上海国际科技论文被引数量共计240 610次，同比增长22.86%（见图3-2）。8年间年均增长率高达20.26%，说明上海国际科技论文国际影响力大幅提升，大量科学成果获得同行研究学者的高度肯定。其中，被引论文数量在2013年出现增长高峰，当年增长率高达73.69%。由于论文收录与论文被引之间存在时间差，证明2010年之后，上海的科研成果的国际影响力逐渐显现，得到了全球的高度关注。

图3-2 上海国际科技论文被引数量及增长率情况

数据来源：根据《2018国际大都市科技创新能力评价》整理而得。

从横向比较来看，上海国际科技论文10年累计被收录数在全国各省市中居于第3位，仅次于北京的347 576篇和江苏的194 885篇，被引用次数居于第2位，仅次于北京的4 264 244次（见图3-3）。

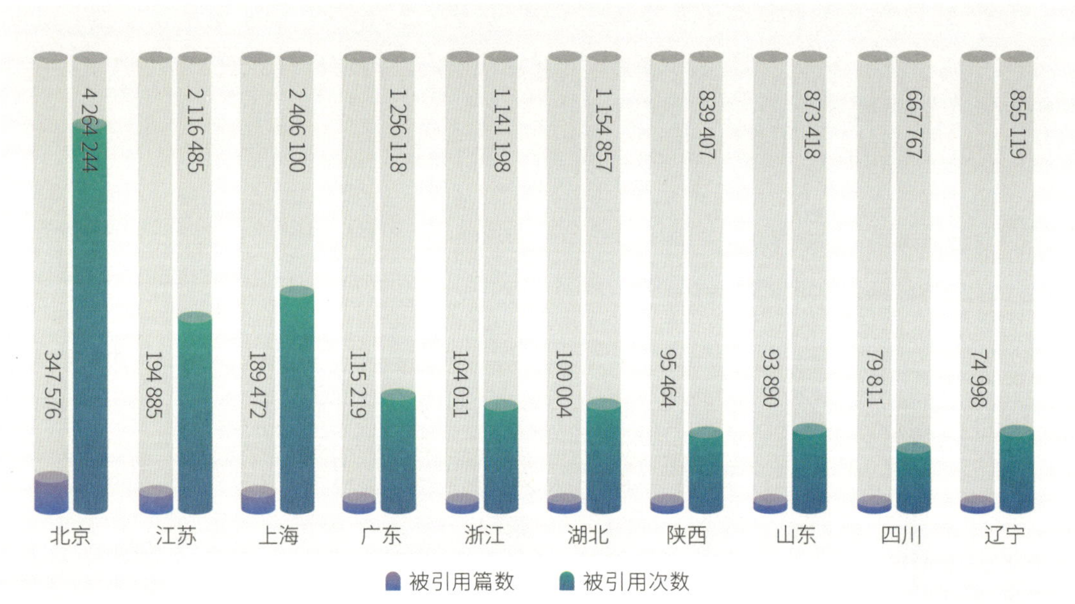

图3-3　各省市国际科技论文10年累计被收录和被引用篇数

数据来源：根据《2018国际大都市科技创新能力评价》整理而得。

根据上海科学技术情报研究所、上海市前沿技术发展研究中心与科睿唯安联合发布的《2018国际大都市科技创新能力评价》报告显示，2015—2017年，在全球20个主要国际大都市中，北京、波士顿、纽约是拥有高质量论文数量最多的城市，上海排名第6（见图3-4）。

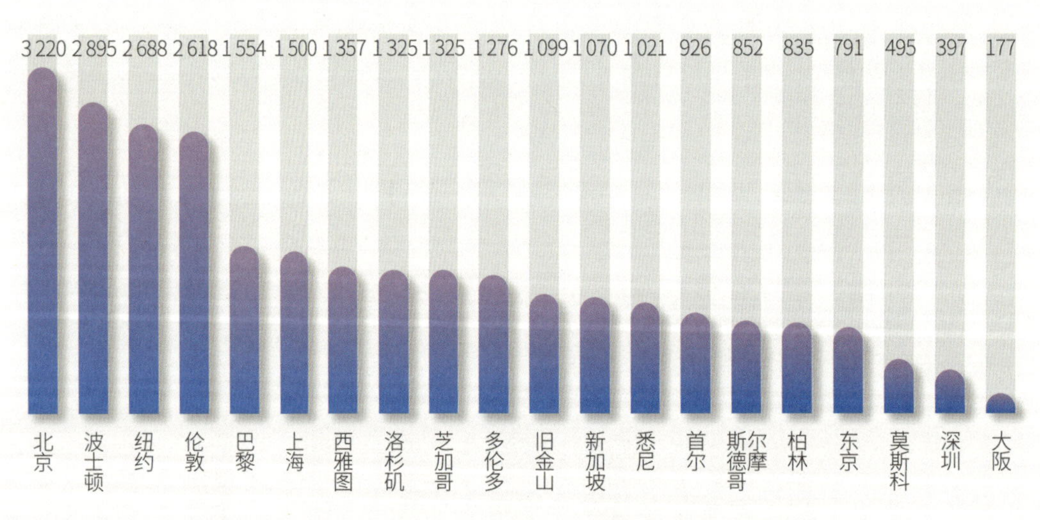

图3-4　2015—2017年主要国际大都市高质量论文收录情况

数据来源：根据《2018国际大都市科技创新能力评价》整理而得。

从学术论文研究热点看，2017年上海市的主要学术研究方向为电子、材料、化学、物理和肿瘤学等领域，与2014—2016年热点技术基本一致（见表3-1）。

表3-1 学术论文研究热点技术

排名	2017年热点技术	论文数量（篇）	2014—2016年热点技术	论文数量（篇）
1	工程电子与电气	4 547	材料科学，多学科	11 726
2	材料科学，多学科	4 392	工程电子与电气	11 671
3	化学，多学科	2 984	化学，多学科	7 917
4	肿瘤学	2 966	应用物理	6 926
5	应用物理	2 602	肿瘤学	6 892
6	化学物理	2 527	化学物理	6 176
7	多学科科学	2 083	多学科科学	5 377
8	细胞生物学	1 960	光学	4 743
9	纳米科学与技术	1 888	纳米科学与技术	4 420
10	光学	1 874	生物化学与分子生物学	4 361

数据来源：根据《2018国际大都市科技创新能力评价》整理而得。

2017年，上海学术论文发表机构前10位依次是上海交通大学、复旦大学、同济大学、上海大学、华东理工大学、华东师范大学、东华大学、第二军医大学、上海理工大学和上海中医药大学。发文量为35 218篇，占上海学术论文发文总量的75.0%，机构类型均为大学，上海交通大学、复旦大学和同济大学依旧排名前3位（见图3-5）。排名前100家的机构均为研究性机构（包括大学和研究机构）。其中，94家为科研院所，论文量占比90.3%；6家为医药相关科研机构，论文量占比6.2%。

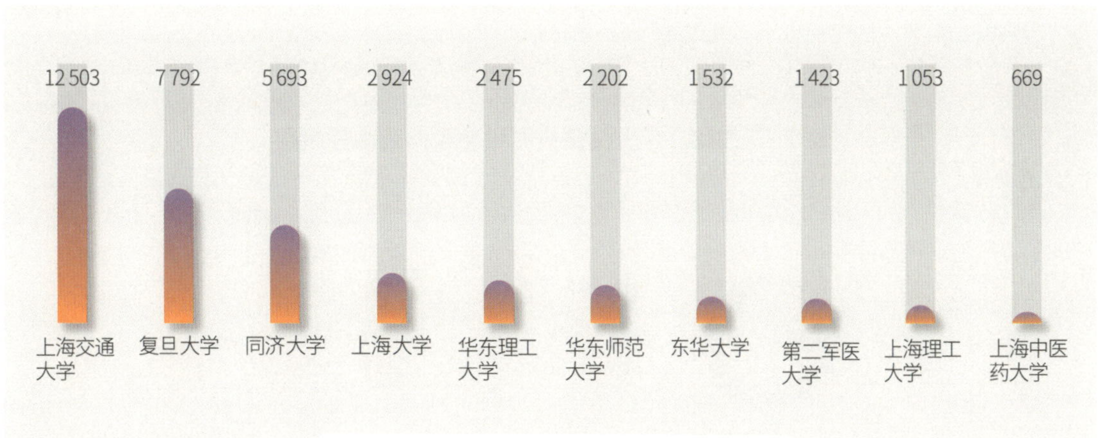

图3-5 2017年上海SCI论文发表机构情况

数据来源：根据《2018国际大都市科技创新能力评价》整理而得。

2018年，全球来自21个自然科学与社会科学领域的4 000多（人次）高被引科学家入榜。美国高被引科学家数量遥遥领先，达到2 639人次；英国546人次；中国大陆入榜人数482人次（见图3-6），较2017年增长约1倍，另香港地区入榜50人次、澳门地区5人次、台湾地区20人次，中国共拥有全球“高被引”科学家557人次，较2017年增长85.7%。2018年“高被引科学家”名单新增跨学科领域，选出在交叉领域发表的高影响力论文具有卓越表现的研究人员约2 000人次。入选跨学科领域的高被引科学家数量超过其入选总人次40%的国家包括瑞典（53%）、奥地利（53%）、新加坡（47%）、丹麦（47%）、中国（43%）和韩国（42%）。

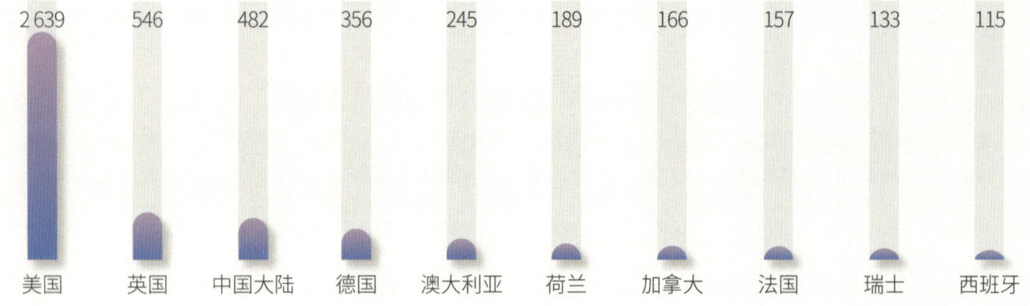

图3-6 2018年主要国家"高被引科学家"入选人次

资料来源：科睿唯安.2018年高被引科学家［EB/OL］.（2018-11-27）［2020-01-21］.https://clarivate.com.cn/.

2018年上海共39人次入选"高被引科学家"榜单，比2017年增加18人（2017年为21人入选），比2016年增加21人（2016年为18人入选）。从入选机构来看，2018年入选榜单中复旦大学14位，上海交通大学11位，华东理工大学6位，东华大学5位，上海大学、上海科技大学和同济大学各1位（见图3-7）。从入选领域来看，复旦大学8人入选跨学科领域，4人入选材料科学领域，2人入选化学领域；上海交通大学6人入选跨学科领域，2人入选工程学领域，2人入选化学领域，1人入选物理领域；华东理工大学4人入选跨学科领域，2人入选化学领域；东华大学3人入选跨学科领域，1人入选化学领域，1人入选工程学领域；上海大学、上海科技大学和同济大学各1人入选跨学科领域，跨学科领域成为学术研究的热点及趋势（见图3-8）。

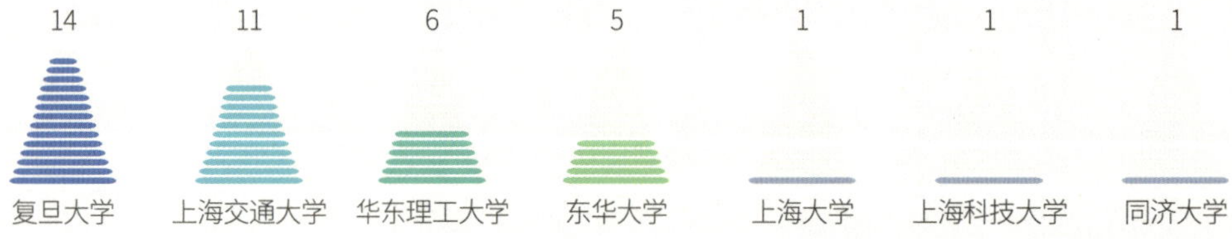

图3-7 2018年上海高被引科学家入选所在机构

资料来源：科睿唯安.2018年高被引科学家［EB/OL］.（2018-11-27）［2020-01-21］.https://clarivate.com.cn/.

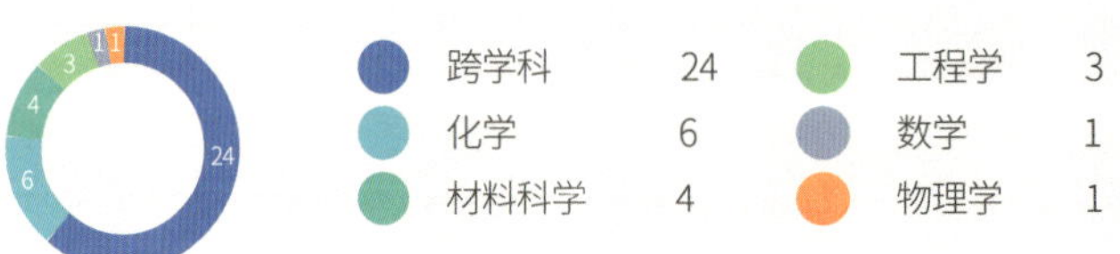

图3-8 2018年上海高被引科学家入选领域

资料来源：科睿唯安.2018年高被引科学家［EB/OL］.（2018-11-27）［2020-01-21］.https://clarivate.com.cn/.

前沿基础研究领域成果频出

2019年4月，中科院上海天文台黑洞M87影像正式亮相，这是具有"里程碑"意义的科学新发现，其中，上海天文台有8名科学家参与这次研究任务，且在重大成果完成方面发挥重要作用，是上海参与前沿科学研究的重大成果。治疗阿尔茨海默病原创新药"九期一"（代号GV-971）获有条件批准上市。据统计，截至2019年11月底，上海科学家在国际顶级学术期刊《科学》《自然》《细胞》上发表论文数量约占全国总数的28%。这一批重大科研成果表明上海在全球前沿科学研究中的能力不断凸显。

3.2 PCT专利申请数呈现指数级上升

2018年上海通过《专利合作条约》（PCT）途径提交的国际专利申请量为2 500件，同比增长740件，增长率为42.05%（见图3-9），呈现出加速上升趋势，近3年年度复合增长率超过140%。

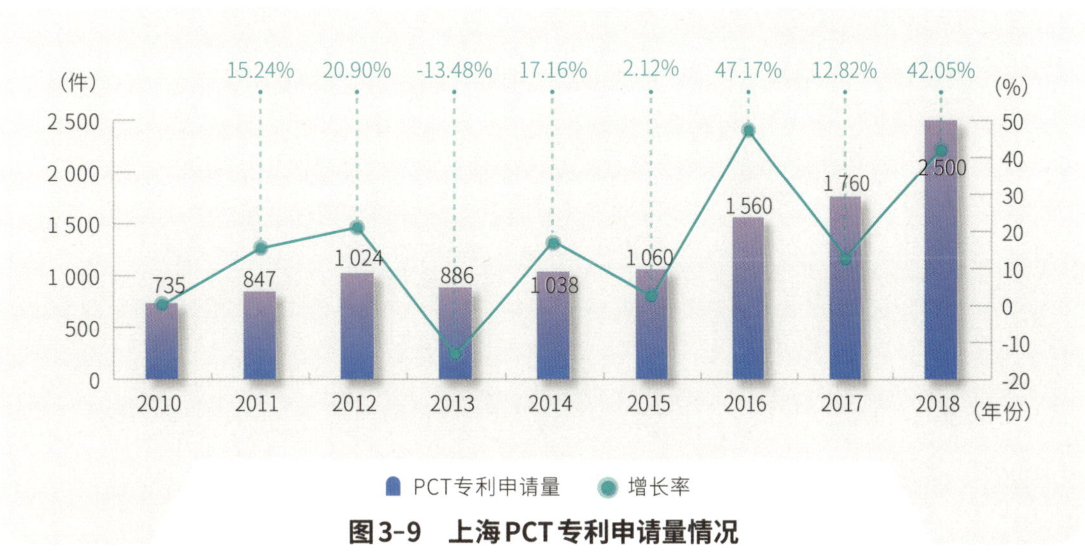

图3-9 上海PCT专利申请量情况

数据来源：根据历年《上海科技统计年鉴》整理而得。

从全国比较来看，2018年，全国共受理PCT国际专利申请5.5万件，同比增长9.0%。其中，5.2万件来自国内，同比增长9.3%。PCT国际专利申请排名前3位的省、市依次为：广东（2.53万件）、北京（0.65万件）和江苏（0.55万件）。

从国际大都市高质量专利情况对比来看，2015—2017年公开的PCT专利中，筛选20个城市中被引次数大于（包括）10次的专利数量进行排名。排名显示，北京、深圳、东京为20个城市中拥有高质量PCT专利数量最多的3个城市，其中，上海排名第9位，具备较高的国际专利影响力和竞争力（见图3-10）。

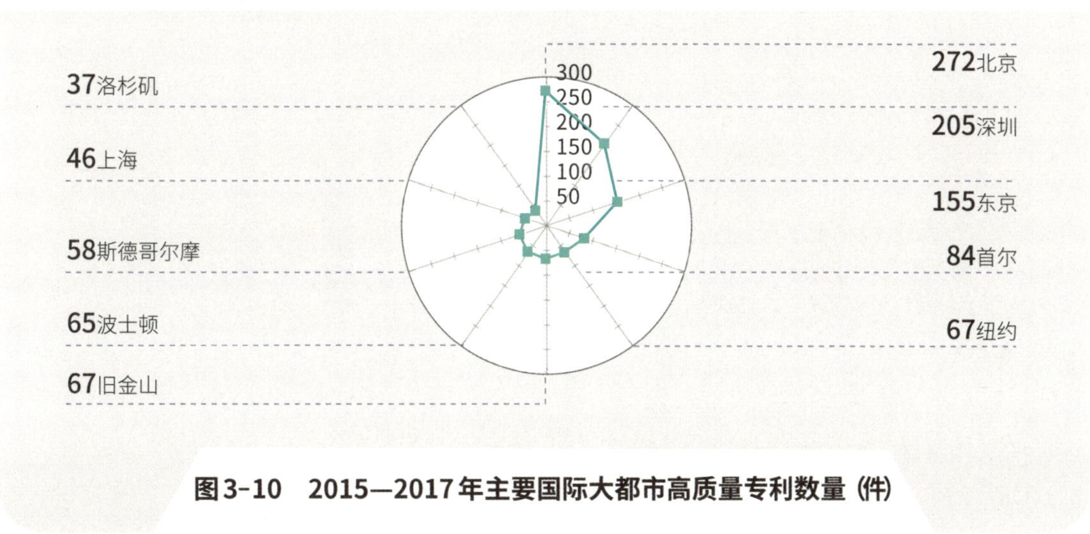

图3-10 2015—2017年主要国际大都市高质量专利数量（件）

数据来源：根据《2018国际大都市科技创新能力评价》整理而得。

提高国外专利申请的资助标准

2018年9月12日，上海市知识产权局、财政局联合出台修订后的《上海市专利资助办法》。本次修订不仅着重解决一些高校、科研院所、企业炮制科研垃圾以获取补贴的乱象，更是针对企业在国外专利申请中的痛点给予资助。

修订后的《上海市专利资助办法》针对国外专利申请授权费用高、企业海外专利布局负担重的问题，从实际出发，提高了国外专利资助标准：对于通过《专利合作协定》（PCT）途径和《巴黎公约》途径申请并获得国外专利授权的发明专利，分别给予每个国家或地区不超过5万元和4万元的资助，每项发明专利最多支持5个国家。同时，把同一个资助申请人每年度获得的国外专利资助总额，从不超过100万元，调整为不超过1 000万元，以鼓励在“走出去”过程中有作为的企业更好地开展海外专利布局。

3.3 每万人口发明专利拥有量稳步上升

2018年上海全市有效发明专利拥有量114 966件，每万人发明专利拥有量达到47.4件，比上年增长14.22%，位居全国第2（见图3-11），且有效发明专利5年以上维持率为78.6%，专利质量相对较高。

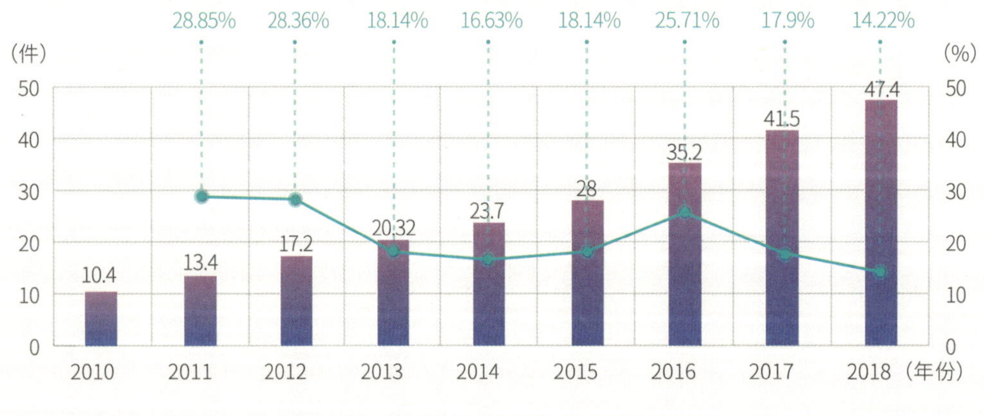

图3-11 上海每万人发明专利拥有量

数据来源：根据历年《上海科技统计年鉴》整理而得。

从横向对比来看，2018年全国每万人口发明专利拥有量最多的省市分别为北京、上海、江苏、浙江和广东，其中，北京以111.2件位于全国首位，高出平均水平近10倍；上海排名第2，高出平均水平4倍。北京、上海每万人口发明专利平均拥有量遥遥领先，成为全国技术发明高地，也是京津冀、长三角技术创新溢出、推动高质量发展的增长极。

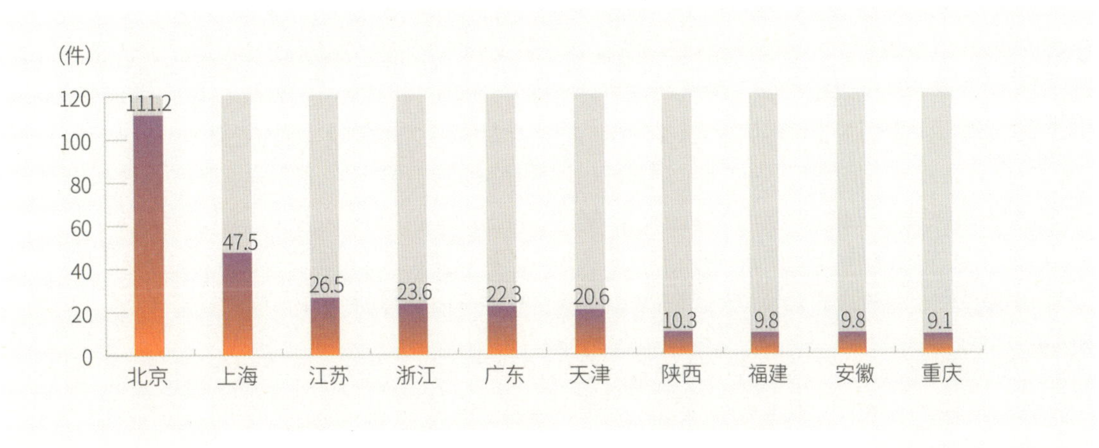

图3-12　2018年各地区每万人发明专利拥有量

资料来源：国家统计局.中国科技统计年鉴2019［M］.北京：中国统计出版社，2019.

从发明专利的企业数据来看，中国发明专利授权量排名前10位的企业（不含港澳台地区企业）依次为华为技术有限公司（3 369件）、中国石油化工股份有限公司（2 849件）、广东欧珀移动通信有限公司（2 345件）等，其主要分布在北京和广东两地，形成了南北鼎立格局（见图3-13）。相对而言，上海仍缺乏高能级的创新标杆型企业。

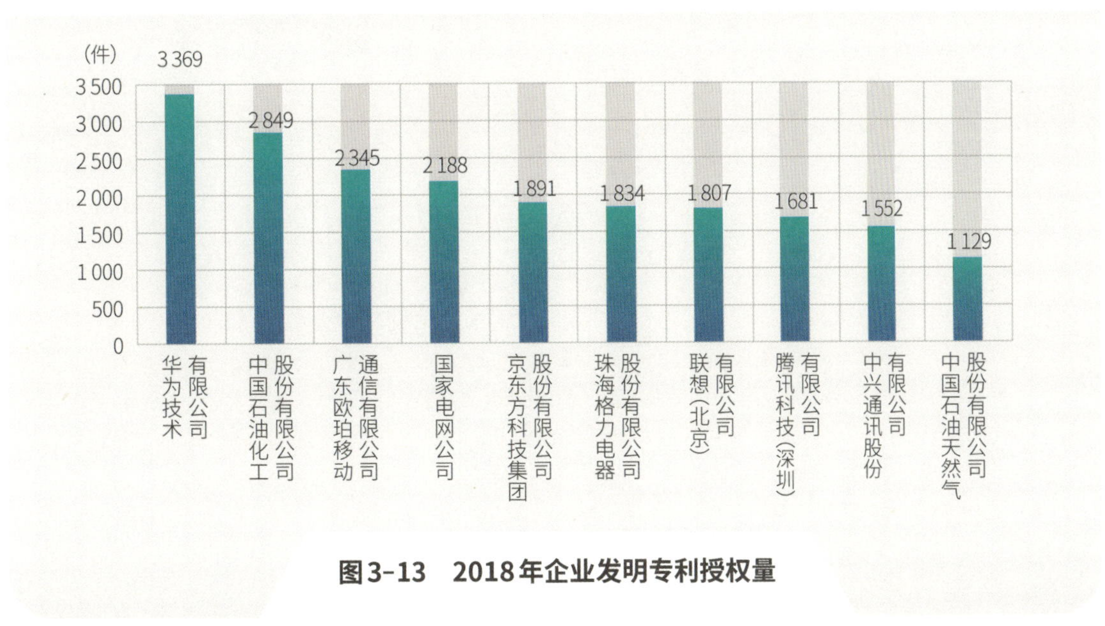

图3-13　2018年企业发明专利授权量

资料来源：知识产权局.国家知识产权局公布2018年主要工作统计数据［EB/OL］.（2019-01-11）［2019-10-21］.http://www.cnipa.gov.cn/zscqgz/1135326.htm.

长三角国内发明专利合作成熟度不断加强

从长三角一体化科技创新发展来看，长三角三省一市之间的合作国内发明专利数量从2010年的357件增长到了2017年的1 671件，6年间增长将近5倍。其中，上海和江苏合作申请的发明专利数量最多，2010年两地合作申请国内发明专利数量共计150件，占长三角区域间合作国内发明专利总量的42.02%，2017年增长到856项件，占比上升至51.22%，已超过整个长三角区域合作申请国内发明专利的一半，成为三省一市中跨区域合作最为紧密的2个地区。上海与浙江的合作紧密度位居其次，合作数量从2010年的103件增加至2017年的386件，6年间合作数量增长超过3倍。苏、浙之间的合作数量也呈现快速增长的态势，从2010年的64件增加至2017年的208件，年均增长率高达21.7%。安徽省与其他两省一市合作国内发明专利数量相对较少，其中，与浙江省合作数量最少，2010年仅有4件，至2015年增加至24件，但近2年来合作数量又有所下降。

通过2011年、2014年、2017年3张网络结构图（见图3-14）对比可以进一步看出，上海已成为长三角专利合作的核心节点城市。近几年来，这一状况不仅没有发生改变，且随着微观创新主体之间联系合作的成熟在不断加强。

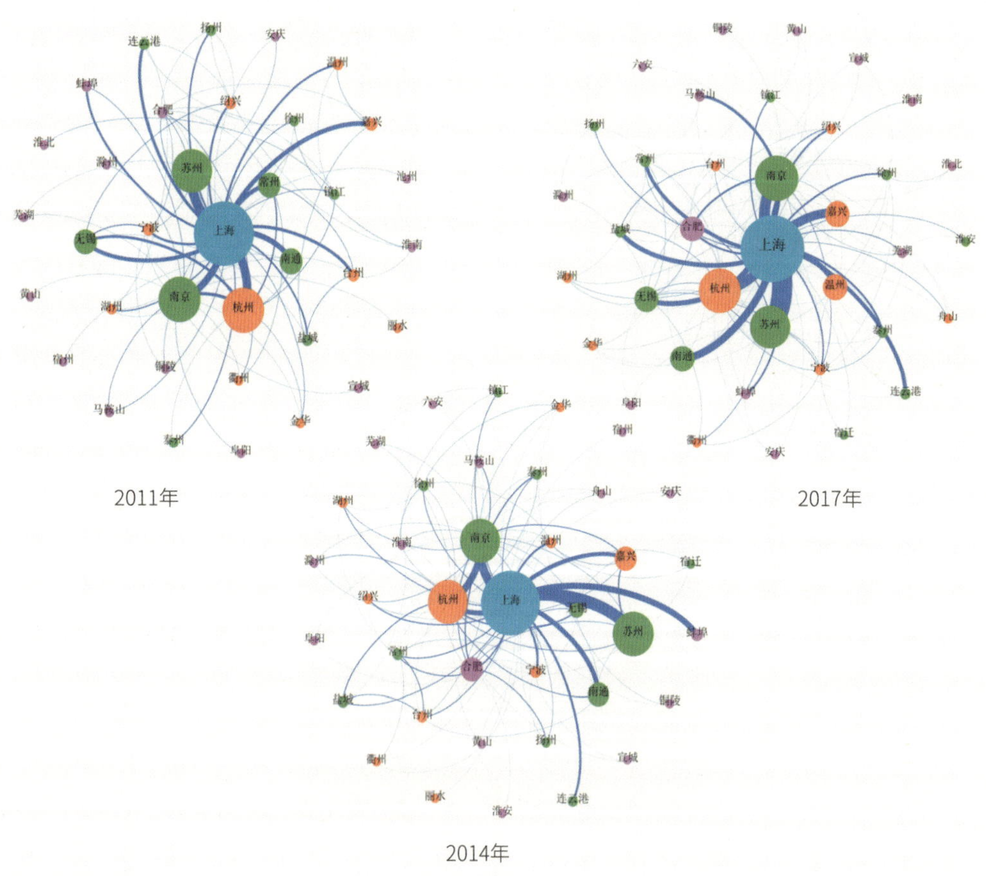

图3-14　2011年、2014年、2017年长三角城市间国内发明专利合作网络示意图

资料来源：上海市科学学研究所.2019长三角一体化区域协同创新指数［R］.上海：上海市科学学研究所，2019.

3.4 上海科技创新斩获大量国家荣誉

2018年度上海市共有47项牵头及合作完成的重大科技成果荣获国家科学技术奖，占全国获奖总数的16.5%（见图3-15），这也是上海连续第17年获奖比例超过10%。其中，荣获国家自然科学奖3项；国家技术发明奖7项（牵头完成3项），占全国67项国家技术发明奖的10.4%；国家科学技术进步奖37项（牵头完成23项），占全国173项国家科学技术进步奖的21.4%。在高等级奖项方面，2项国家科学技术进步特等奖中，上海参与1项（专用项目）；20项国家科学技术进步一等奖中，上海牵头完成1项（专用项目）。

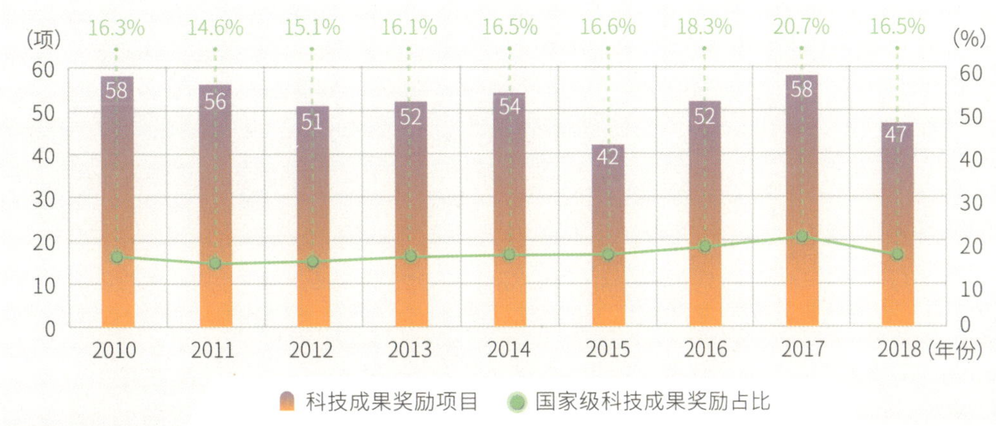

图3-15　上海获得国家级科技成果奖励数量及占比

数据来源：根据历年《上海科技统计年鉴》整理而得。

2018年度上海市科学技术奖共授予奖项300项（人），比2017年增长了28项（人），其中，青年科技杰出贡献奖10人、自然科学技术奖28项、技术发明奖30项、科技进步奖231项、上海市国际科技合作奖1人。在3个奖项中，获奖领域占比排名依次为能源与环境（18%）、生物与医药技术领域（17.7%）、信息技术领域（11.8%）（见图3-16）；在高等级奖项（特等奖、一等奖）中，生物与医药技术类获奖占比达26.3%；3个获奖项目中，平均每个项目发表SCI/EI收录论文数24.6篇，获得国内外发明专利授权9.9项。在外省市合作单位中，超过1/3来自苏、浙、皖。在所有第一完成人中，年龄50岁以下的中青年科学家占比49.5%。在企业作为第一完成单位的105个项目中，国有企业占66.7%，民营企业（包括股份制和集体企业）占23.8%，外资企业（包括合资）占9.5%。

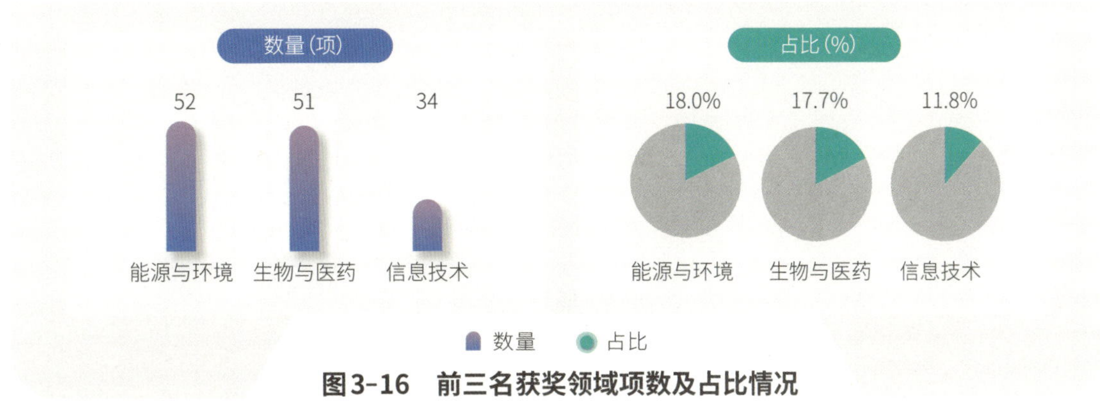

图3-16　前三名获奖领域项数及占比情况

资料来源：上海科学技术委员.2018年度上海市科学技术奖［EB/OL］.（2019-05-15）［2019-11-21］.http://www.shanghai.gov.cn/nw2/nw2314/nw2319/nw44137/nw44139/u21aw1383712.html.

上海在国家和本市科学技术发展中表现突出

2018年度中国科学十大进展中，"基于体细胞核移植技术成功克隆出猕猴"和"创建出首例人造单染色体真核细胞"两项成果出自上海科学家团队，并以高票位列前两名。中国科学院神经科学研究所/脑科学与智能技术卓越创新中心孙强和刘真研究团队经过5年攻关最终成功得到了2只健康存活的体细胞克隆猴；而中国科学院分子植物科学卓越创新中心/植物生理生态研究所覃重军和薛小莉研究组、赵国屏研究组与中国科学院生物化学与细胞生物学研究所周金秋研究组等合作，在国际上首次人工创建了单条染色体的真核细胞。

2018年度上海市科学技术奖大会上，上海65米射电望远镜系统研制和上海中心大厦关键技术，均因为是具有特别重大意义的科学技术工程，且拥有特别重大的系列技术发明，双双被授予上海市科技进步特等奖。在2018年的技术发明及科技进步的一等奖项目中，共有11项同药物和医疗直接相关，涉及颌面外科、心脑血管、阿尔茨海默病、麻醉、肿瘤等重要医学领域，直接关系到上海乃至全国人民医疗保健水平的提高。在高等级奖项中，生物与医药技术类的占比高达26.3%，远超其他领域，充分体现出上海生物与医药领域的强大研发实力。

根据国家战略部署和要求，推动国家重大任务落地实施。其中包括"核高基"、集成电路装备、宽带移动通信、新药创制、传染病防治等专项任务，取得系列关键核心技术突破，支撑了产业自主技术体系构建。在天宫、蛟龙、悟空号、墨子号、大飞机、国家载人航天、探月工程、载人深潜、国防装备等国家重大任务中，上海科技做出了积极贡献。截至2018年底，上海累计承接国家重大专项项目（课题）801项，获得中央财政资金预算总额293.16亿元，地方配套资金支持121.93亿元。

3.5 高校科学策源能力不断提升

2018年上海市500强大学数量及排名合成指数为6.41，同比增长17.18%（见图3-17），从美国教育媒体USNews联合汤森路透发布的世界500强大学榜单中排名来看，共有32所中国大学进入榜单，其中，前100位中清华大学排名第50位，北京大学排名第68位。上海共有4所高校进入榜单，上海交通大学排名第145位，复旦大学排名第159位，同济大学排名第302位，华东师范大学排名第497位。在500名以外的上海高校还有上海大学538位，华东理工大学552位，东华大学685位（见图3-18），体现了上海高校学术成果丰硕且科研实力强劲。

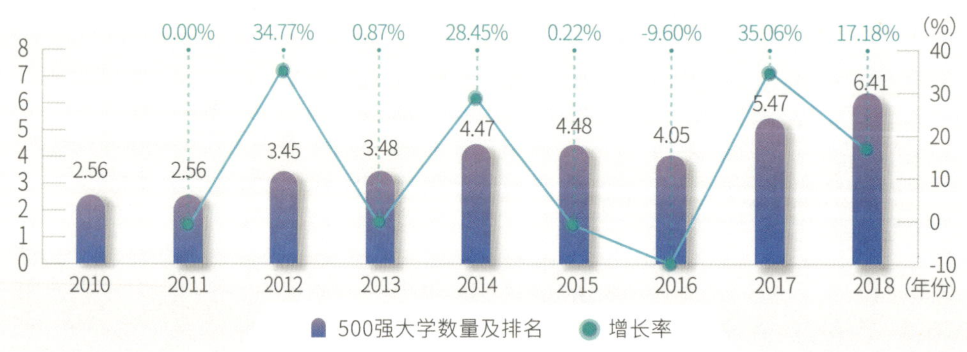

图3-17 上海市500强大学数量及排名得分

数据来源：上海市统计局内部资料。

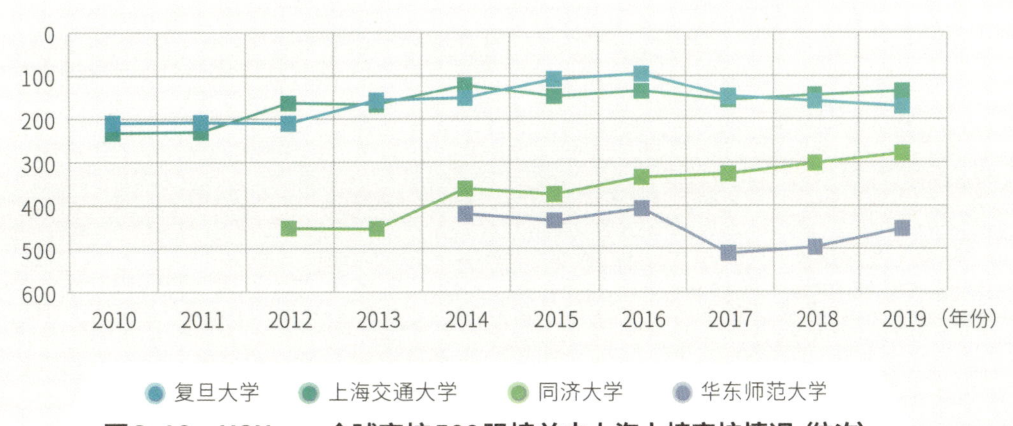

图3-18　USNews全球高校500强榜单中上海上榜高校情况（位次）

资料来源：USNews.2019世界大学排行榜［EB/OL］.（2018-10-30）［2019-10-30］.https://www.usnews.com/.

2018年，上海科学家在国际权威学术期刊共发表论文85篇，其中《科学》（*Science*）发表27篇，以第一作者单位或通讯作者单位发表14篇，占全国的22.2%；《自然》（*Nature*）发表37篇，以第一作者单位或通讯作者单位发表24篇，占全国的31.6%；《细胞》（*Cell*）发表21篇，以第一作者或单位或通讯作者单位发表12篇，占全国的33.3%。

2000—2017年，全国共有62所大学以第一作者单位在*Cell*、*Nature*和*Science*杂志上发表377篇论文，上海在排出的"中国大学CNS论文排行榜"上有7家高校上榜，复旦大学以22篇论文居清华大学（96篇）、北京大学（49篇）、中国科学技术大学（23篇）之后，排名第4位，上海交通大学排名第7位（见表3-2），同济大学排名第12位，上海科技大学与第二军医大学同列第21位，上海大学与华东师范大学同列第43位，较2000—2016年增加2家高校，体现出较强的基础科研能力。

表3-2　中国大学CNS论文排行榜（2000—2017年）

名次	学校名称	*Cell*论文数（篇）	*Nature*论文数（篇）	*Science*论文数（篇）
1	清华大学	16	54	26
2	北京大学	13	19	17
3	中国科学技术大学	1	14	8
4	复旦大学	6	9	7
5	中国农业大学	2	7	5
5	浙江大学	3	4	7
7	厦门大学		2	8
7	上海交通大学	2	3	5
9	西北大学		5	3
10	中山大学	1	4	2
10	南京大学		4	3

资料来源：艾瑞深.2018中国大学CNS论文排行榜［EB/OL］.（2018-11-16）［2019-11-16］.http://www.chinaxy.com/.

4

新兴产业引领力研究分析

- 劳动生产率快速增长
- 知识密集型产业逐步成为发展主导
- 战略性新兴产业促进发展动能转变
- 技术合作日益丰富
- 能耗水平持续下降
- 高新技术企业保持高水平增长

SSTIC Index[2019]

4.1 劳动生产率快速增长

2018年上海全员劳动生产率达到23.78万元/人，同比增长7.94%（见图4-1），其中，2018年上海生产总值为32 679.87亿元，全市从业人员为1 374.15万人。

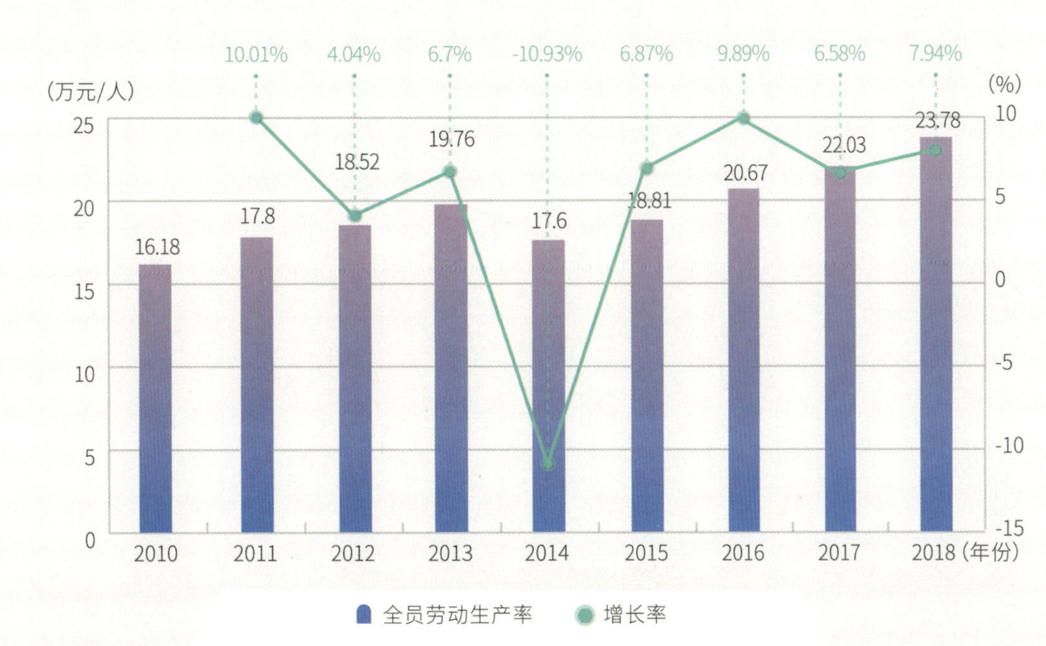

图4-1　上海全员劳动生产率及增长情况

数据来源：根据历年《上海统计年鉴》整理而得。

从横向比较来看，上海劳动生产率略低于北京的24.4万元/人、广东的25.19万元/人。就长三角地区而言，江苏为19.3万元/人，浙江为14.7万元/人，安徽为6.85万元/人（见图4-2），2018年全国劳动生产率为10.73万元/人，上海劳动生产率为全国的2倍多，且增长率显著高于全国平均水平。说明上海依靠科技创新驱动经济发展，不断推动质量变革、效率变革和动力变革。

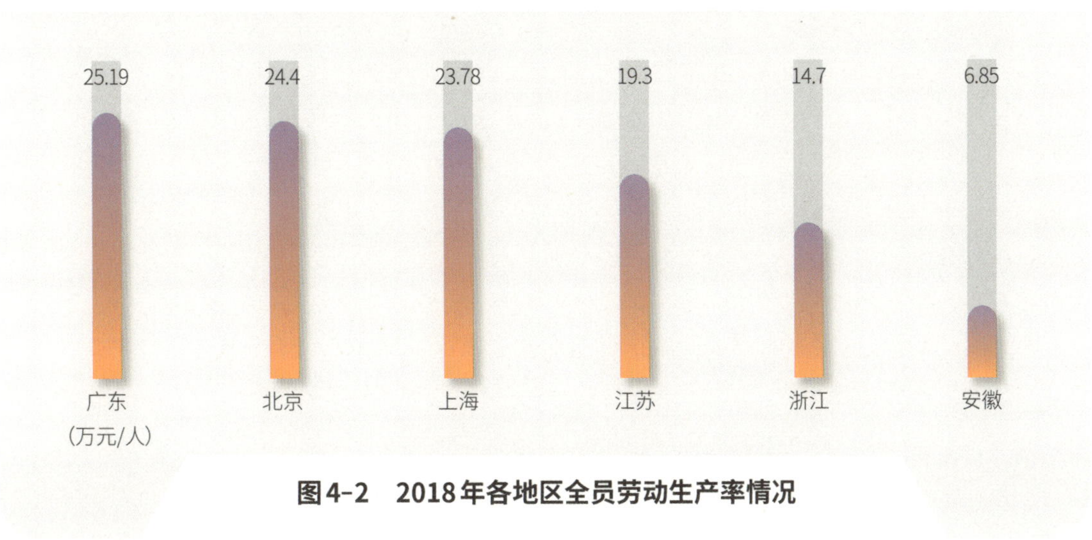

图4-2　2018年各地区全员劳动生产率情况

资料来源：国家统计局. 中国统计年鉴2019［M］. 北京：中国统计出版社，2019.

4.2 知识密集型产业逐步成为发展主导

2018年上海市知识密集型产业从业人员数占全市从业人员（1 374.15万人）的比重为27.5%，较去年增长1.48%，相较于2014年知识密集型产业从业人员占全市从业人员比重20.1%来说，科创中心建设以来，知识密集型产业从业人员占全市从业人员比重提升了7.4个百分点，形成了支撑创新型经济发展的根本动力（见图4-3）。

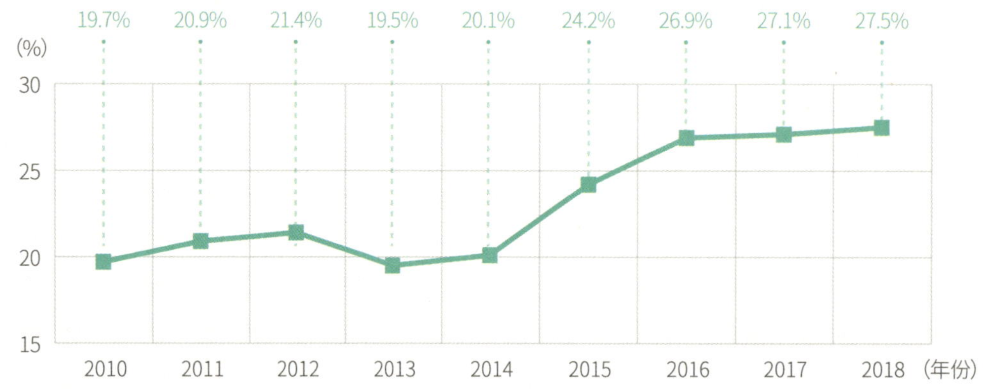

图4-3　上海知识密集型产业从业人员占全市从业人员比重

数据来源：上海市统计局内部资料。

从知识密集型服务业发展总体情况来看，2018年上海知识密集型服务业增加值为1.14万亿元，占地区生产总值的比重为35%，比2010年提升近10个百分点（见图4-4），说明知识密集型服务业整体规模在快速增长，推动整体产业结构向更具竞争力和创新力的知识型服务业转型，对地区经济社会民生发展的贡献不断提升。相比较而言，北京知识密集型服务业增加值1.42万亿元，占地区生产总值的比重为46.8%，总量上略高于上海。

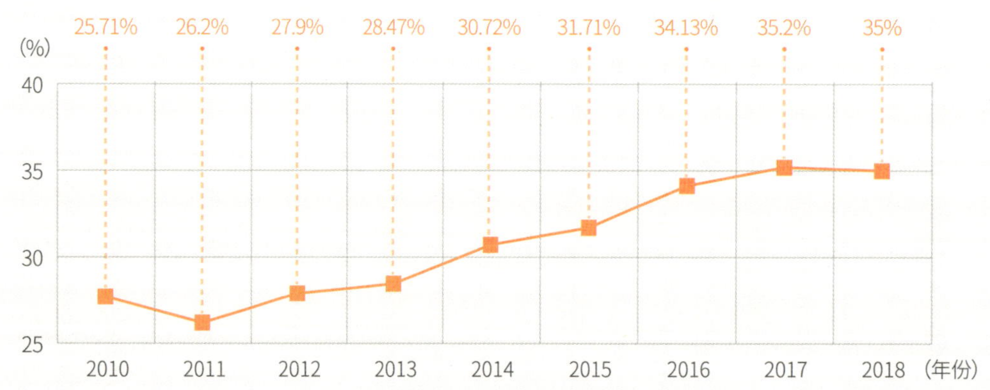

图4-4　上海知识密集型服务业增加值占地区生产总值比重

数据来源：上海市统计局内部资料。

上海知识竞争力水平稳定位于亚太前列

上海知识竞争力与区域发展研究中心、国际竞争力中心亚太分中心、中国城市治理研究院等单位联合发布2018年、2019年《亚太知识竞争力指数排行榜》，上海位列亚太区域第5，且在近3年内排名保持不变，上海知识密集型产业优势明显，在知识竞争力中位于亚太地区的前列。

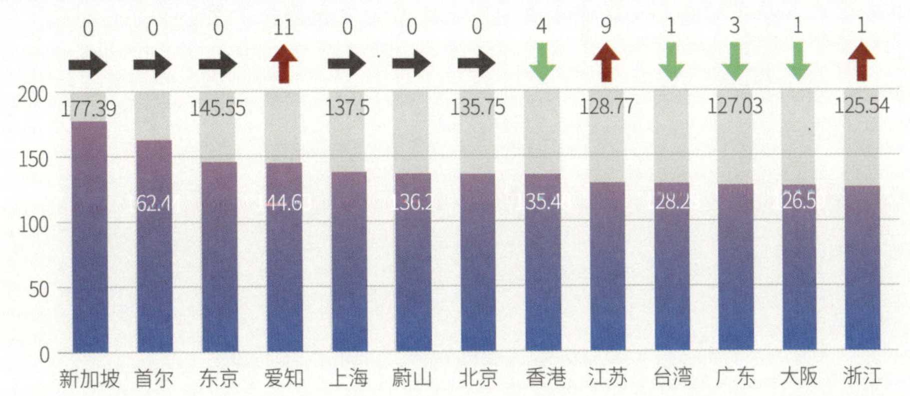

图4-5　2018—2019年亚太知识竞争力排名前13位经济体得分及排名变化（分）

数据来源：根据历年《亚太知识竞争力指数排行榜》整理而得。
注：本图为对经济体的排名，新加坡此处为城市。

4.3 战略性新兴产业促进发展动能转变

2018年上海战略性新兴产业增加值为5 461.91亿元，同比增长8.2%，占上海地区生产总值的比重为16.7%，比去年提高0.3个百分点（见图4-6）。其中，工业增加值2 377.6亿元，同比增长4.2%，服务业增加值3 084.31亿元，同比增长11.3%。

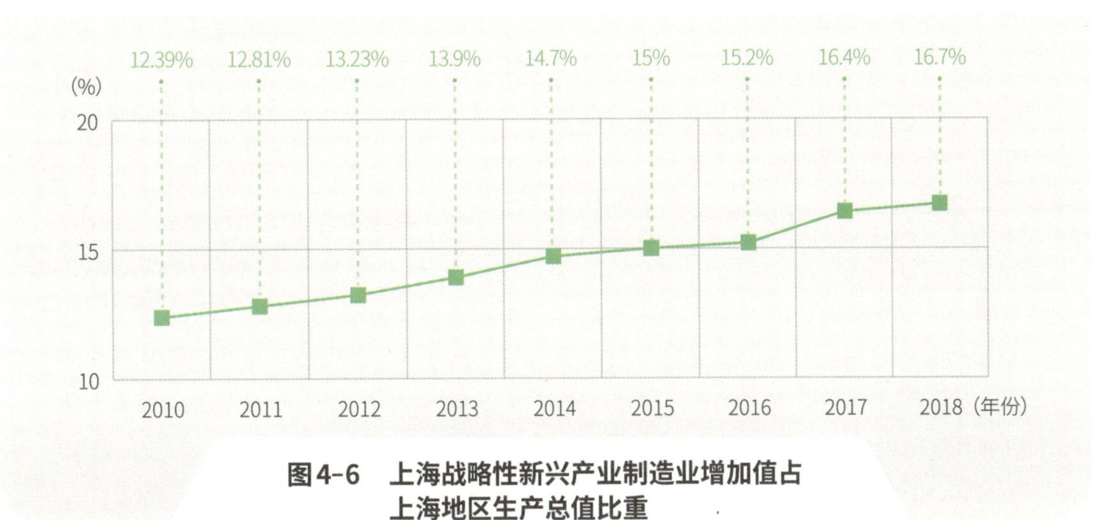

图4-6　上海战略性新兴产业制造业增加值占上海地区生产总值比重

数据来源：根据历年《上海统计年鉴》整理而得。

2018年工业战略性新兴产业总产值10 659.91亿元，比上年增长3.8%，增速高于全市规模以上工业2.4个百分点。从行业领域来看，生物医药产业在全市经济增速下行压力加大的背景下，实现主营业务收入14.1%的增速和总产值9.8%的增速，成为引领经济发展的重要突破口。此外，新一代信息技术增长5.8%，高端装备增长5.7%，新能源汽车增长5.4%，新能源增长2.5%，节能环保增长2.1%，新材料下降1.9%（见图4-7）。

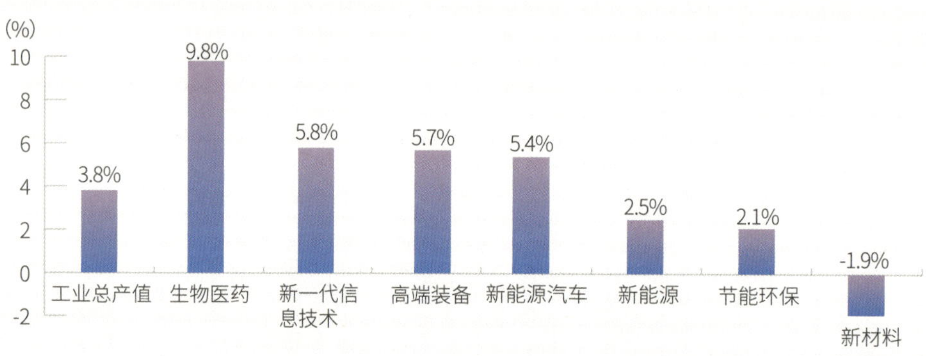

图4-7　2018年战略性新兴产业总产值增速

资料来源：上海市统计局.2018年上海市国民经济运行情况［EB/OL］.（2019-01-22）［2019-11-22］.http://www.sh.gov.cn/nw2/nw2314/nw2315/nw31406/u21aw1360234.html.

生物医药产业健康稳步发展

新一轮生物医药产业发展行动方案制定发布。提出到2020年实现3个指标：产业规模达到4 000亿元，社保上市药品50个以上，申报上市三类医疗器械产品100个以上。建设3个中心：亚太地区生物医药产业高端产品研发中心、制造中心、研发外包与服务中心。构建2个体系：具有全球资源配置能力的现代药品和高端医疗器械流通体系。到2025年基本建成具有国际影响力的生物医药产业集群。

生物医药临床研究与转化能力有效提升。张江药物实验室揭牌，将以疾病为中心，以“出原创新药”和“出引领技术”为目标。药明生物全球创新生物药研制一体化中心开工奠基，预计2020年初完成一期工程建设，建成后将容纳3 000多位科学家工作。临床医学研究中心加快建设，新增上海市第一人民医院、复旦大学附属中山医院2家临床医学研究中心，累计拥有6家。

药品与医疗器械加快创新发展。出台了《关于深化审评审批制度改革鼓励药品医疗器械创新的实施意见》，提出6个方面32项改革措施。有序开展仿制药品一致性评价工作，截至2018年底，上海市共有39家企业的130个品种启动一致性评价工作，递交一致性评价申请38个。推进药品上市许可持有人制度试点，截至2018年底，34个MHA试点品种有9个获批上市，47家申请人申报MAH试点73个品种，其中，33个品种是具有自主知识产权且尚未在国内外上市的1类新药。推进医疗器械委托生产试点，截至2018年底，4家企业的7个产品获准许可，10家企业的17个产品进入优先注册检测通道。

多项成果获得突破。甘露寡糖二酸（GV-971）完成临床3期试验，GV-971能明显改善患者的认知功能障碍，有望填补国际上16年来无AD治疗药物上市的空白。1类化药呋喹替尼胶囊（爱优特）获批上市。联影一体化高清TOF PET/MR获批上市。Tubridge血管重建装置获批上市，是国内首个获批上市的国产血流导向装置。麝香保心丸完成循证医学研究，从临床上证明对指标冠心病稳定型心绞痛长期用药的有效性和安全性。

集成电路产业高地加快形成

发挥上海半导体公益、制造和集成电路设计等基础优势，推荐功能型平台建设，为产业升级提供技术支撑和保障。支持集成电路功能型平台筹建，完成国内自主研发的首台90 nm工艺ArF光刻机、14 nm工艺刻蚀机等国产重大高端装备的评价验证服务。中微半导体设备（上海）有限公司自主研制的5 nm等离子刻蚀机经台积电验证，将用于全球首条5 nm制程生产线。国家集成电路创新中心在沪开工建设。持续推进华力电子二期、中芯国际SN1等重大建设项目。上海兆芯集成电路有限公司自主研发的新一代先KX-6000系列处理器获第20届工博会金奖。

人工智能高地建设

打造人工智能发展高地，把人工智能作为上海建设卓越的全球城市、打响上海“四个品牌”和建设具有全球影响力科技创新中心的优先战略。

完善政策体系并形成开放生态环境。落实2017—2018年出台的关于人工智能发展的实施意见，依托同济大学建设的上海智能无人系统科学中心揭牌成立，引进亚马逊AWS等3个人工智能研究院、京东等8个人工智能创新平台、阿里巴巴（上海）等10个创新中心落沪，成立全球人工智能学术联盟等5个创新联盟。

人工智能原始创新能力不断提升。在全球人脸识别算法测试中，上海依图科技的算法统揽竞赛的冠亚军，在千万分之一误报的识别准确率超过99%。上海科大讯飞信息科技有限公司推出刑事案件智能辅助办公系统，搭建公检法三机关工作协同平台，将在全国公检法系统中进行推广应用。

4.4 技术合作日益丰富

2018年上海经认定技术合同数21 630项，成交额为1 303.2亿元，同比增长50.22%（见图4-8），体现了上海科技成果转化能力的大幅提升，科技与经济融合发展程度不断提升。其中，从技术认定登记情况的分类来看，2018年技术服务能力成倍数上升，从2017年的76.68亿元上升到2018年的305.03亿元，同比增长4倍，这也是技术合同成交金额大幅提升的主要原因（见表4-1）。

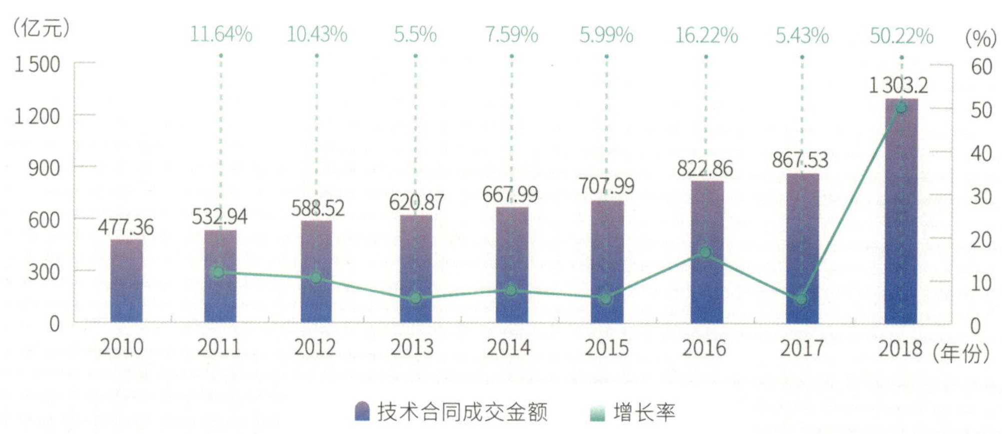

图4-8 上海技术合同成交额情况

数据来源：根据历年《上海统科技计年鉴》整理而得。

表4-1 技术合同认定登记情况

年份		2012	2013	2014	2015	2016	2017	2018
技术合同年度认定数量（项）		27 998	26 297	25 238	22 513	21 203	21 559	21 630
成交金额（亿元）		588.52	620.87	667.99	707.99	822.86	867.53	1 303.2
技术开发	认定数量（项）	10 974	10 057	10 187	9 579	9 141	9 498	10 694
	成交金额（亿元）	297.14	267.33	299.83	321.49	309.39	513.91	683.16
技术转让	认定数量（项）	1 170	1 102	1 201	1 050	1 041	912	1 203
	成交金额（亿元）	223.48	230.15	221.99	296.98	338	271.59	311.57
技术咨询	认定数量（项）	3 026	3 094	2 876	2 458	2 211	1 819	1 140
	成交金额（亿元）	5.17	7.4	5.96	5.32	9.69	5.36	3.44
技术服务	认定数量（项）	12 828	12 044	10 974	9 426	8 810	9 330	8 593
	成交金额（亿元）	62.73	115.99	140.21	84.2	165.78	76.68	305.03

资料来源：上海市科学技术委员会.2018上海科技成果转化白皮书［EB/OL］.（2019-05-29）［2019-10-09］. http://www.chinatorch.gov.cn/jssc/llyj/201905/362a9c3ecb3b484995329ae88a12ce65.shtml.

从2018年上海技术合同成交金额排名靠前的技术领域来看，依次为电子信息（473.52亿元）、先进制造（263.38亿元）、城市建设与社会发展（256.51亿元）、生物医药（110.85亿元）、现代交通（95.1亿元），总体上来看和上海目前聚焦的三大产业——人工智能、集成电路和生物医药高度匹配（见表4-2）。从成交额增长率来看，同比增长最快的技术领域分别为现代交通（383.5%）、城市建设与社会发展（211.6%）和先进制造（163.9%）。

表4-2　2018年上海技术合同成交额排名前五位的技术领域

合同类别	合同数（项）	占总数百分比（%）	合同数同比增长（%）	成交金额（亿元）	占总额百分比（%）	成交额同比增长（%）
电子信息	7 199	33.30	-1.40	473.52	36.30	2.20
先进制造	2 302	10.60	8.60	263.38	20.20	163.90
城市建设与社会发展	3 295	15.20	-8.00	256.51	19.70	211.60
生物医药	4 198	19.40	1.70	110.85	8.50	11.20
现代交通	1 138	5.30	66.60	95.10	7.30	383.50

资料来源：上海市科学技术委员会.2018上海科技成果转化白皮书［EB/OL］.（2019-05-29）［2019-10-09］. http://www.chinatorch.gov.cn/jssc/llyj/201905/362a9c3ecb3b484995329ae88a12ce65.shtml.

从横向对比来看，2018年中国登记技术合同成交金额较高的省市分别为北京（4 957.82亿元）、广东（1 387亿元，其中，深圳为576.93亿元）、上海（1 303.2亿元），长三角地区上海、江苏、浙江均位于前十之列（见图4-9）。

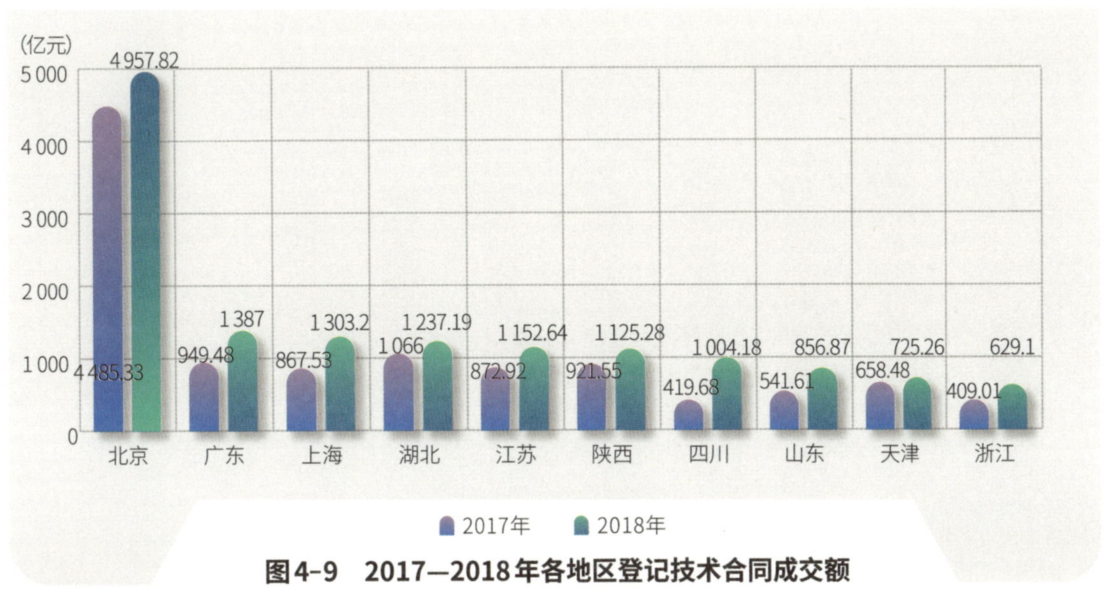

图4-9　2017—2018年各地区登记技术合同成交额

资料来源：国家科技部.2019全国技术市场统计年报［M］.北京：兵器工业出版社，2019.

4.5 能耗水平持续下降

2018年，上海每万元GDP能耗为0.367吨标准煤，同比下降了0.038吨标准煤，2010—2018年每万元GDP能耗从0.71吨持续下降到0.367吨标准煤，年下降率在2011年、2014年、2018年较高，在10%左右，平均下降率在8%左右，相对于全国水平，2018年全国每万元GDP能耗下降至0.52吨标准煤。

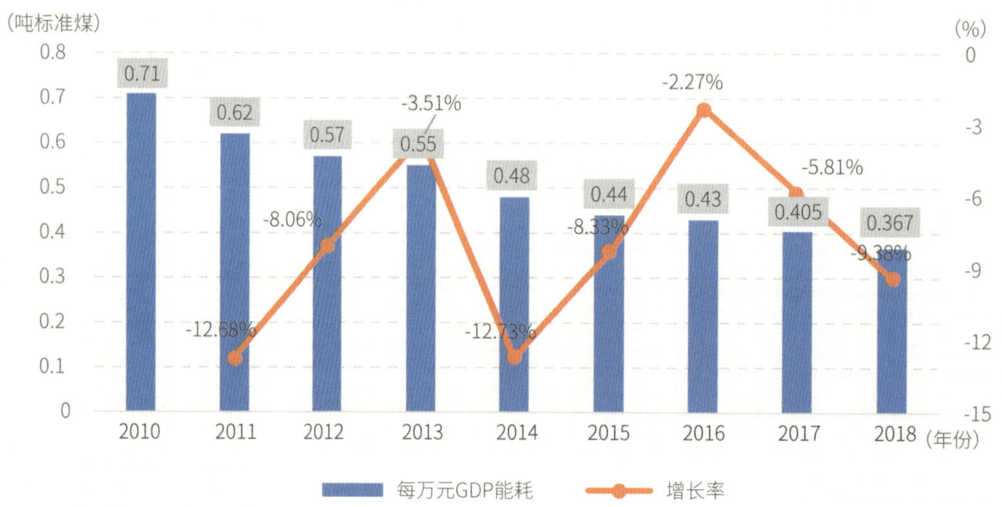

图4-10　上海每万元GDP能耗情况

数据来源：根据历年《上海统计年鉴》整理而得。

根据《2018年分省市万元GDP能耗降低率指标公报》，即一个地区生产每万元地区生产总值所消费的能源总量比去年的降低率，贵州、江苏、河北能耗降低率较高，上海、安徽位列第4、第5位，说明上海整体能耗水平较低，产业发展环境较好，经济发展的同时有效贯彻了绿色生态发展理念（见图4-11）。

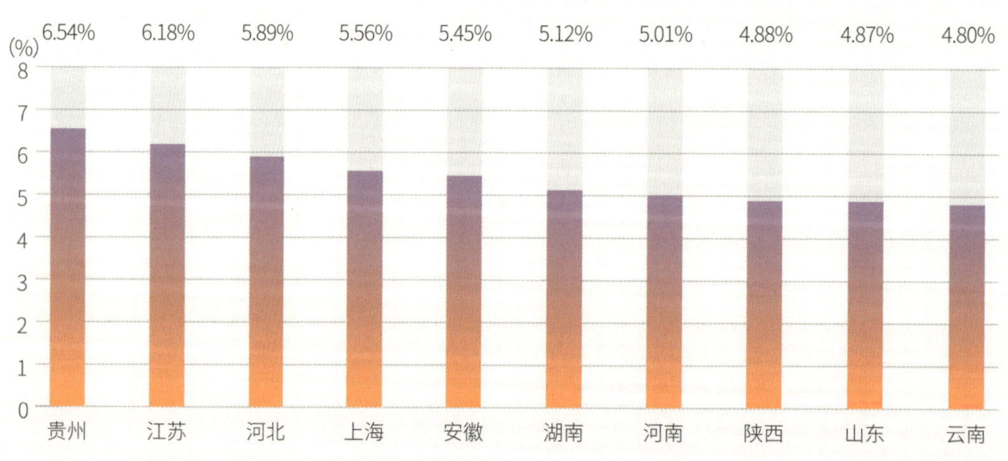

图4-11　2018年各地区万元GDP能耗降低率

资料来源：国家统计局.2018年分省（区、市）万元地区生产总值能耗降低率等指标公报［EB/OL］.（2019-09-17）［2019-10-17］.http://www.stats.gov.cn/tjsj/zxfb/201909/t20190917_1697942.html.

上海降低规模以上工业单位增加值能耗

2018年

上海发布《上海市产业结构调整负面清单（2018版）》，提高了钢铁、化工、建材、机械、纺织、轻工等15个行业的调整筛选标准，全年完成市级产业结构调整项目1 460项，减少能耗量24万吨标准煤。

推动工业节能和绿色化改造，支持116项重点节能技改项目，实现节能量8.77万吨标准煤。

2018年上海还推动322家重点企业开展清洁生产，支持41个清洁生产改造项目，全年综合利用大宗固废1 000万吨，利用率达97%以上。

培育发展节能环保产业，2018年实现总营收1 418.7亿元，首次超过1 400亿元，40余项先进节能节水、环保、资源综合利用技术装备入选国家推荐目录。

强化建筑节能，截至2018年底，上海绿色建筑总量已达1.51亿平方米，587个项目获得绿色建筑标识。

深入推进交通节能，2018年上海推广新能源车超过7.4万辆，保有量达到24万辆。新能源公交车投放1 802辆，占更新车辆总数的90%。内河码头、港区作业船舶码头等区域基本实现低压岸电全覆盖。

4.6 高新技术企业保持高水平增长

2018年上海全市高新技术企业总数为9 204家，其中，新增高新技术企业3 705家，同比增长20.44%（见图4-12），保持两位数的高水平增长态势。按此发展态势，基本能顺利完成高新技术企业发展目标，有效壮大上海科技创新主体力量。

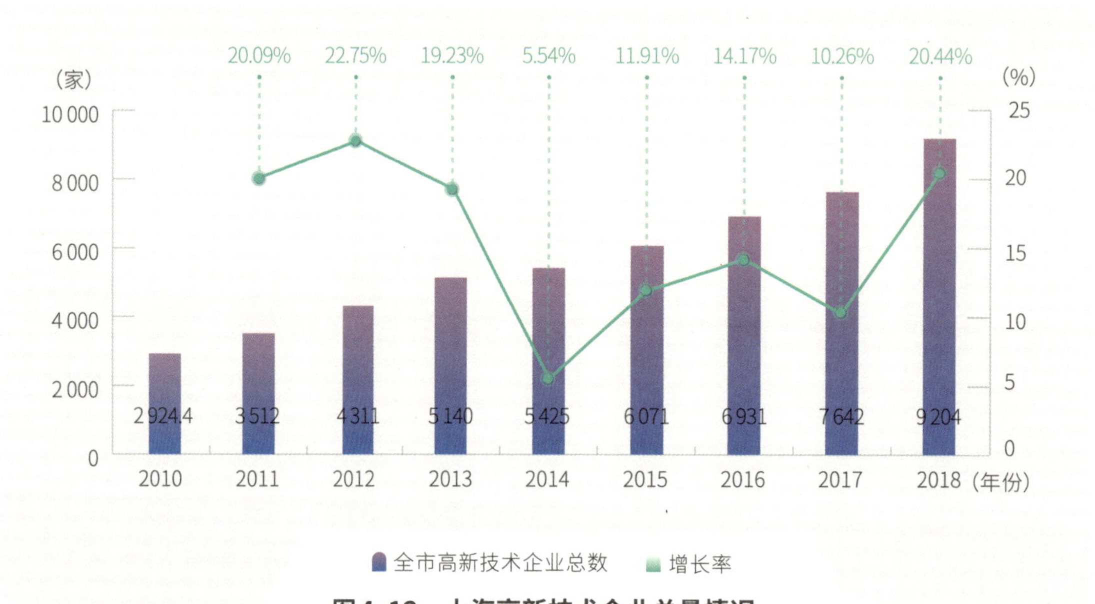

图4-12 上海高新技术企业总量情况

数据来源：根据2018年部分省市统计年鉴整理而得。

从横向对比来看，2017年广东、北京、江苏认定的高新技术企业较多，数量分别为33 356、20 297、13 278家，广东是北京和江苏两地数量之和，企业科技创新水平及能力位居中国前列。上海位于第5位，全市高新技术企业总数落后于长三角地区的江苏、浙江，领先于安徽地区（见图4-13）。

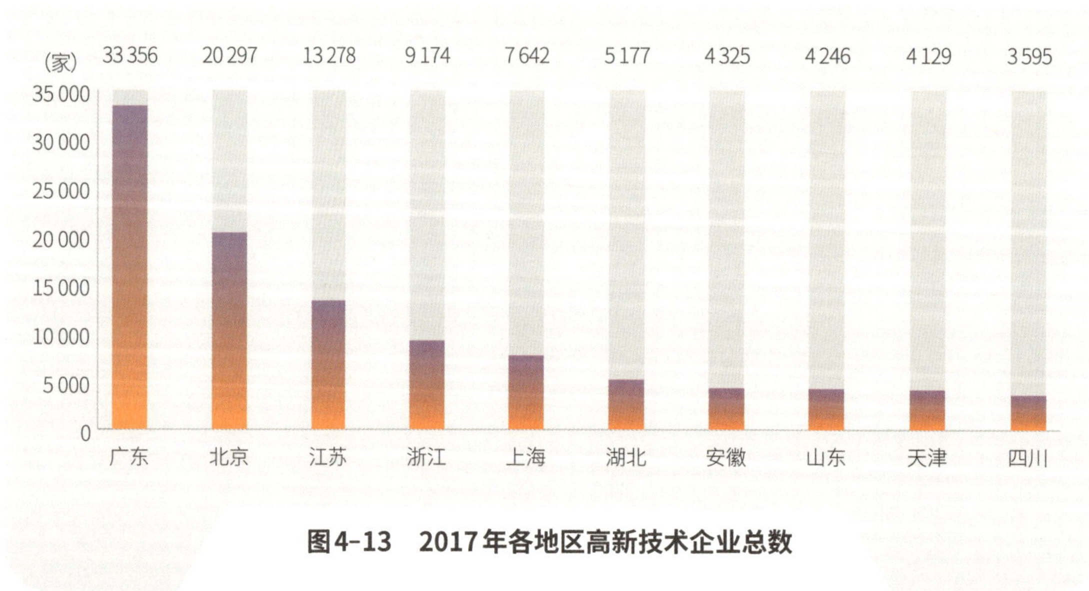

图4-13 2017年各地区高新技术企业总数

资料来源：前瞻网.2017年各省国家高新技术企业数量排名［EB/OL］.（2019-02-10）［2019-09-21］.https://t.qianzhan.com/caijing/detail/190220-88f010d5.html7.

搭建上海高新技术企业创新扶持体系

2018年12月20日，上海市科学技术委员会、上海市财政局、国家税务总局上海市税务局联合发布了《上海市高新技术企业入库培育实施细则（试行）》，其中，对高新技术企业入库培育工作采取“企业自愿、政府引导、市区联动、公平公正”的原则，发挥财政政策的扶持作用和撬动效应，将符合发展方向、具有发展潜力的科技型企业纳入高新技术企业培育库，培育升级成为国家级高新技术企业。对入库企业，上海将给予一次性资金支持，支持额度按照企业上一年度发生的研发费用的10%确定，最低20万元，最高200万元。此外，上海还将继续为高新技术企业降税减负。落实高新技术企业所得税优惠、研发费用加计扣除政策，企业研发费按照75%的比例加计扣除，进一步降低企业成本。

科技企业创新扶持体系不断完善。构建科技创业团队—科技型中小企业—高新技术企业—科技小巨人（含培育）企业—卓越创新企业的创新体系，2018年新增180家科技小巨人（含培育）企业，全市累计1 798家，精准服务首批10家卓越创新试点企业。众创空间“专业化、国际化、品牌化”建设取得积极成效，孵化能力、海外对接能力、连锁运营能力有效增长。2018年众创空间数量超过500家，总面积超过320万平方米，其中有100家“三化”培育引导众创空间，39家“三化”培育众创空间。

科技小巨人（含培育）企业，全市累计1 798家

2018年新增**180**家

科技小巨人（含培育）企业

首批**10**家

卓越创新试点企业

众创空间“专业化、国际化、品牌化”

2018年超出**500**家

总面积超过320万平方米

100家

“三化”培育引导众创空间

39家

“三化”培育众创空间

5 区域创新辐射带动力研究分析

- 外资研发中心成为科创中心建设的重要力量
- 技术输出不断增长
- 长三角协同创新向纵深推进
- 高新技术产品出口持续扩大
- 上海本地标杆企业需进一步打造

SSTIC Index2019

5.1 外资研发中心成为科创中心建设的重要力量

2018年上海拥有外资研发中心共441家，同比增长3.52%。根据商务部驻上海特派员办事处发布的数据，2018年上海新增跨国公司地区总部45家，至2018年底累计引进跨国公司地区总部670家，总部数量继续保持全国领先。在数量规模扩大的同时，上海地区跨国公司总部能级也在不断提升，全年新增亚太区总部18家，累计达到88家；全年新增外资研发中心15家，累计达到441家，外资在沪全球研发中心40家，研发人员超过4万人（见图5-1）。累计引进亚太区以上研发中心65家，强生“JLABS”、赢创创新中心等一批开放式创新平台陆续落地。2019年，上海市人民政府《关于印发修订后的〈上海市鼓励跨国公司设立地区总部的规定〉的通知》(沪府规〔2019〕31号)，对在上海设立的跨国公司总部给予一定的资助奖励，同时简化出入境手续和优化人才引进政策，未来上海总部经济效益将会进一步得到释放，为地方科技创新溢出、本地化国际创新合作的开展提供支撑。

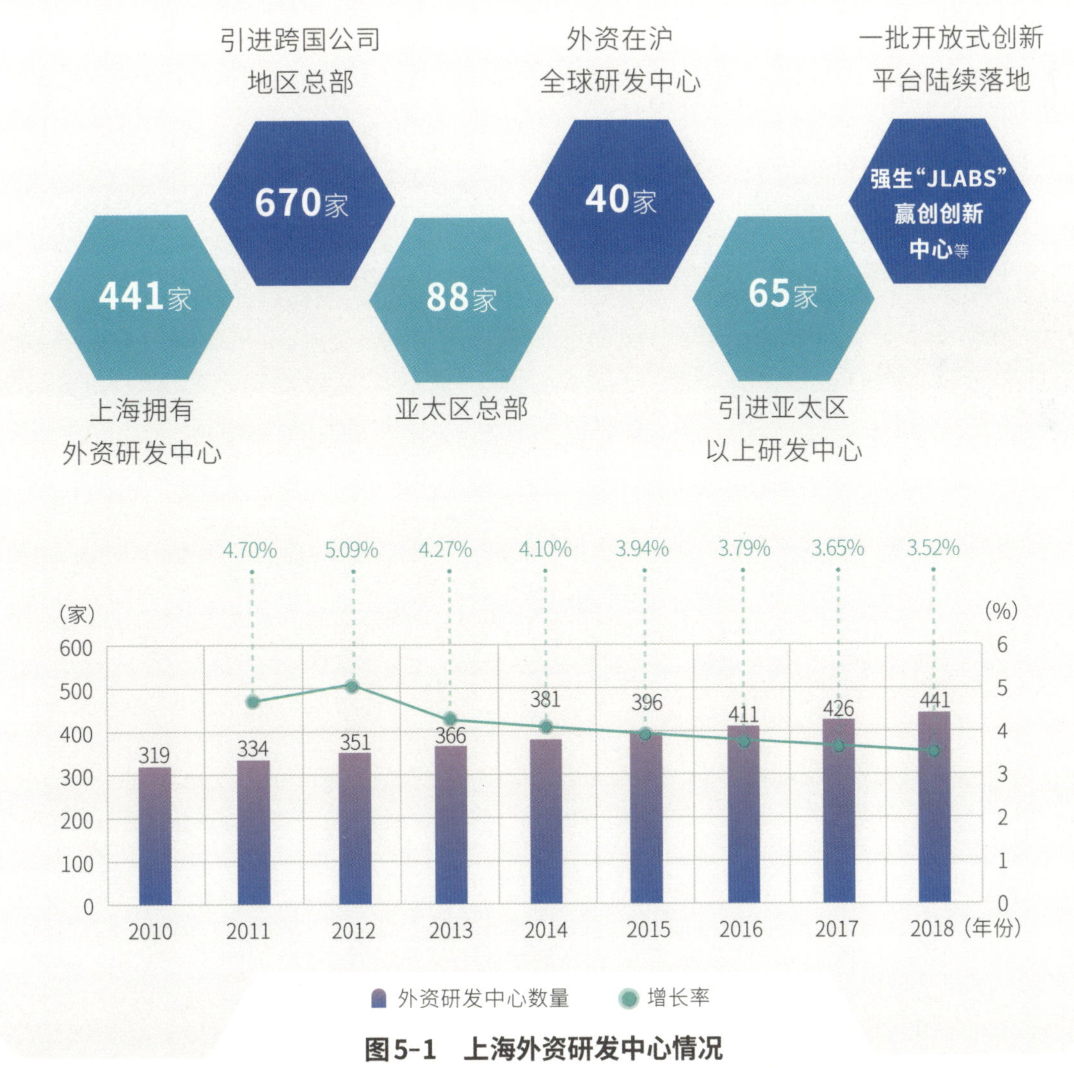

图5-1　上海外资研发中心情况

数据来源：根据历年《上海科技统计年鉴》整理而得。

5.2 技术输出不断增长

2018年上海向国内外输出技术合同认定登记金额572.1亿元（不包括上海输出本地的技术合同），同比增长9.7%，输出金额占上海技术合同金额的43.9%（见图5-2）。合同金额数量上保持稳定增长，说明技术对外输出合作不断加深，对外创新辐射能力不断增强。

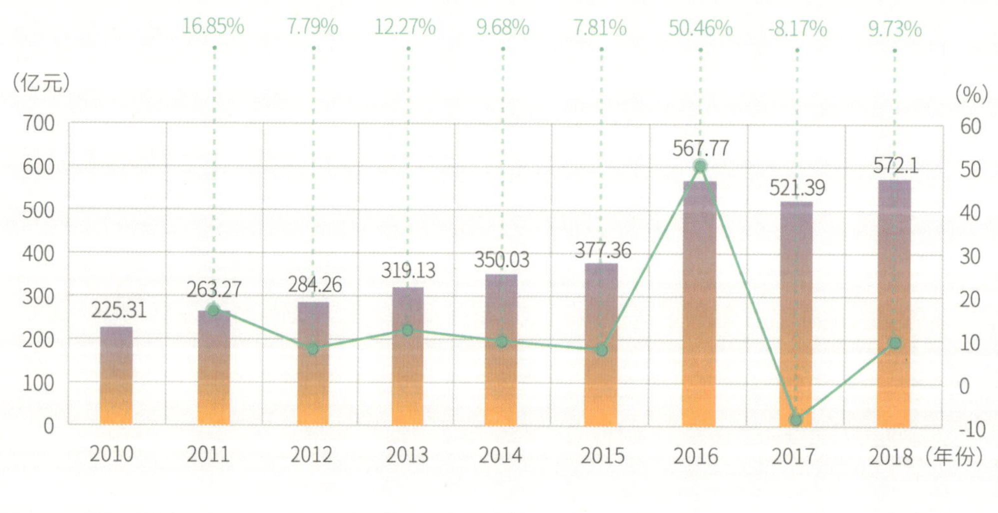

图5-2　上海向国内外输出技术合同认定登记额情况

数据来源：根据历年《上海科技统计年鉴》整理而得。

从上海四类创新主体之间的技术交易量数据可以看出，创新主体对非国有企业输出合同及合同金额相对最多，说明民营企业的技术需求日益旺盛。

表5-1　上海四类创新主体之间的技术交易流量

卖　方	技术合同数量比例（%）	技术合同金额比例（%）	买　方
高校院所	14.44	2.13	高校院所
	11.54	4.88	国有企业
	25.45	10.88	非国有企业
	2.37	1.93	外资企业
国有企业	2.68	1.02	高校院所
	6.76	10.38	国有企业
	5.24	32.51	非国有企业
	0.53	0.03	外资企业
非国有企业	6.44	2.04	高校院所
	5.89	4.88	国有企业
	16.82	24.69	非国有企业
	1.29	3.72	外资企业
外资企业	0.01	0.00	高校院所
	0.08	0.08	国有企业
	0.41	0.71	非国有企业
	0.05	0.12	外资企业

数据来源：根据上海市技术市场办交易数据（2014—2018年）统计整理。

从横向对比来看，全国大部分省市输出技术合同成交额稳步增长，北京、广东、上海输出技术合同成交金额排名居前3位，共成交技术合同127 497项，占全国技术合同成交总项数的30.95%，成交额为7 548.43亿元，占全国技术合同成交总额的42.65%（见图5-3）。

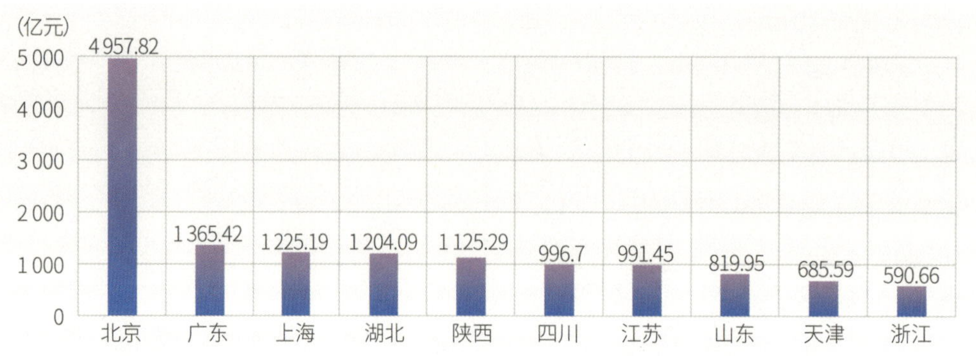

图5-3　2018年各地区输出技术合同成交额

资料来源：国家科技部.2019全国技术市场统计年报［M］.北京：兵器工业出版社，2019.

国家技术转移东部中心

国家技术转移东部中心铺设国内外技术渠道网络274个，其中，海外渠道覆盖14个国家和地区，国内渠道覆盖17个省市，合作机构包括高校院所及行业协会25个，科技服务机构218家。与行业龙头企业共建技术试验验证平台4家，线下形成服务需求2.2万余条，聚集各领域专家6 700余名。

设立科技成果转化基金3支，包括亨石科技种子基金2 000万元，科创转化投资基金1亿元，早起成果直投项目财政支持配套金额1 000万元。促成技术成果转移转化283项，服务技术交易合同额161亿元，向300多家企业提供技术验证与再研服务。

5.3　长三角协同创新向纵深推进

2018年上海向长三角输出技术合同额为172.79亿元，占比为13.26%，合同额比2017年增长25.25亿元，占比增长7.78%（见图5-4），说明2018年上海向长三角输出技术合同额增速明显，与长三角之间的协同合作数量增加，技术合作更加密切。

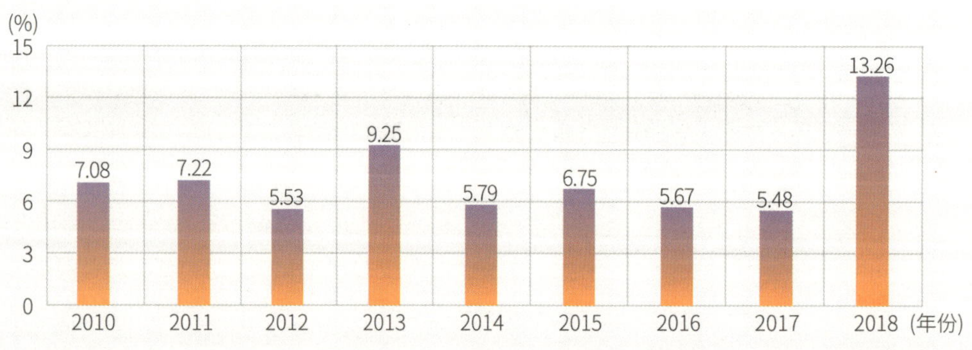

图5-4　上海向长三角输出技术合同额占比情况

数据来源：根据历年《上海科技统计年鉴》整理而得。

2010—2018年，上海与苏浙皖技术市场成交合同金额呈波动上升趋势，2018年急速攀升。2017年合同交易额为47.54亿元，2018年攀升至172.79亿元，建筑类的合同由于政策原因在2018年出现大量申报，导致数值呈倍数增长。2010年成交金额为33.78亿元，2013年成交合同金额数量急剧增加至57.44亿元，此后成交金额维持平稳至2017年（47.54亿元），2018年急速上升至172.79亿元（见图5-5）。

具体来看

上海与江苏省技术市场合同交易额占比最大，在2013年达到71.7%。

上海与浙江省技术市场成交合同金额总体呈现波动缓慢上升的变化趋势，占总量的比重在2018年达到最大值47.1%。

上海与安徽省技术市场成交合同金额的变化呈现波动上升变化趋势，从2010年的4.78亿元降至2012年的2.49亿元，此后呈逐年快速递增趋势，至2016年增长至7.17亿元，2018年波动上升至10.18亿元，占总量比重从2013年的4.43%增加至2016年的15.4%，再下降到2018年的5.89%。

从上海与苏浙皖三地技术市场的交易水平可以看出，江苏和上海的技术交易最为活跃，合作最为紧密，其次是上海和浙江，最后是安徽。但是随着长三角一体化发展战略的深入，上海与安徽的合作将会不断加强，由于前期基数较小，未来极有可能呈现出爆发式增长的趋势。

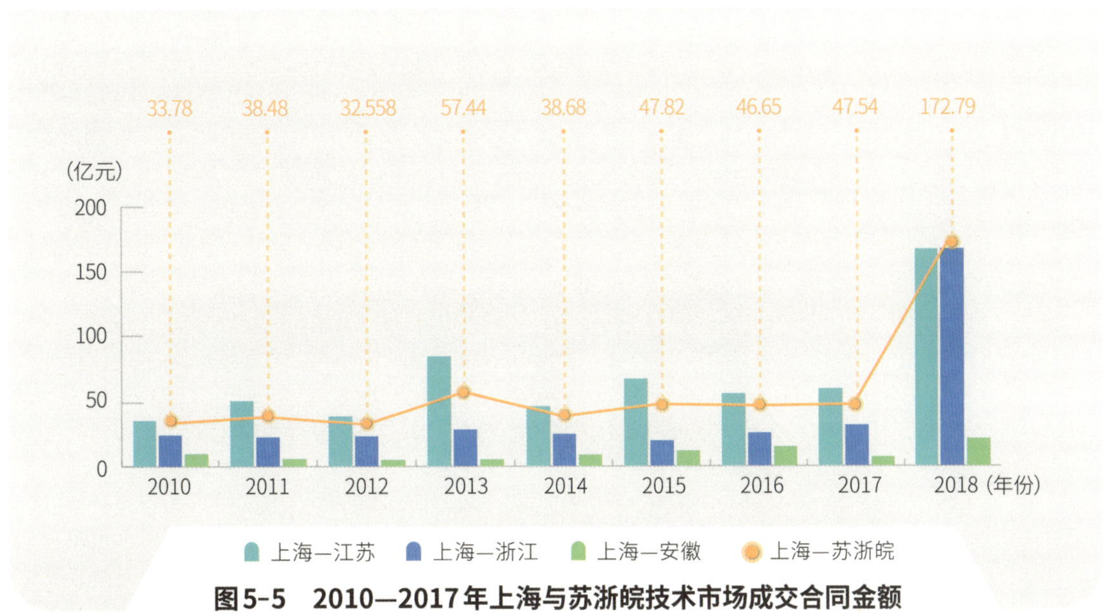

图5-5　2010—2017年上海与苏浙皖技术市场成交合同金额

数据来源：根据历年《上海科技统计年鉴》整理而得。

5.4 高新技术产品出口持续扩大

2018年上海高新技术产品出口额为5 742.22亿元，同比增长0.48%，其中，2012—2014年与2017—2018年两个时间段出口额呈现高速增长态势，2013年与2017年的增长率分别为8.59%、9.59%，出口额呈现波动增长状态（见图5-6）。2018年1—12月，我国高新技术产品出口累计总额为7 468.66亿美元，比2017年同期增长11.9%。

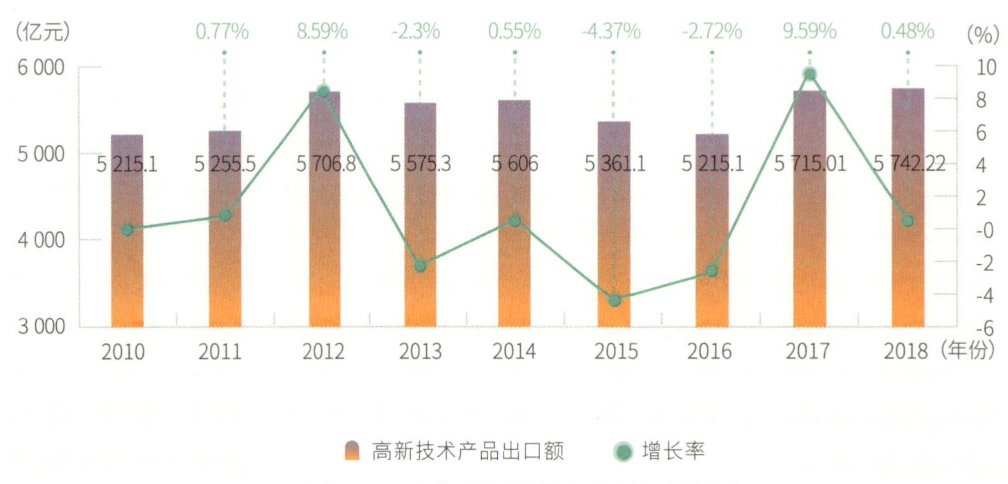

图5-6　上海高新技术产品出口额情况

数据来源：根据历年《上海统计年鉴》整理而得。

从全国范围来看，2018年高新技术产品出口额广东为15 452.27亿元，江苏为10 126.2亿元，上海为5 742.22亿元，说明上海对国外的区域辐射带动较强（见图5-7）。从高新技术产品出口额占出口总额的比重来看，广东、江苏和上海在40%左右，说明对外出口的商品中高科技含量产品较多。

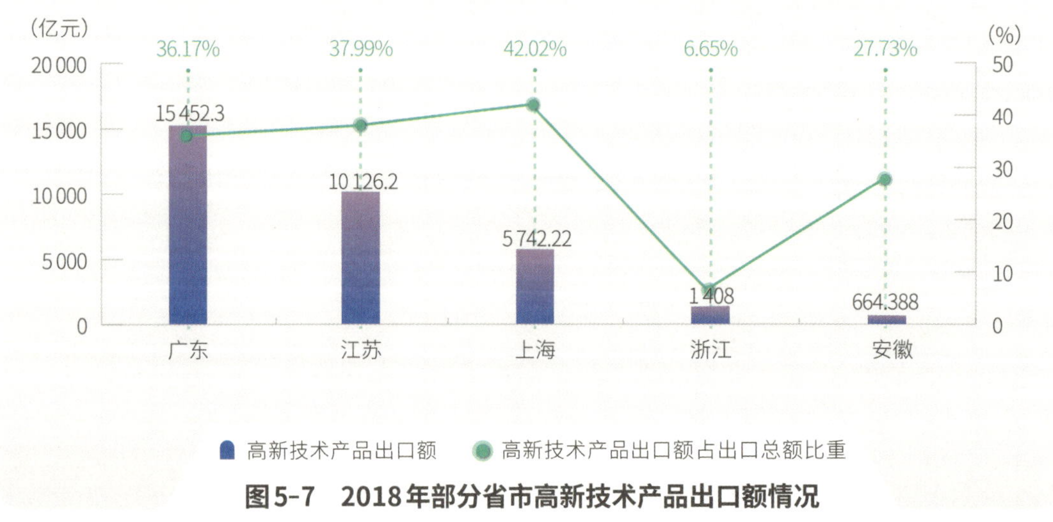

图5-7　2018年部分省市高新技术产品出口额情况

数据来源：根据2018年部分省市统计年鉴整理而得。

5.5 上海本地标杆企业需进一步打造

2010—2018年上海财富500强企业入围数和排名综合得分呈逐渐上升并趋于平缓的趋势，从2010年的4.35上升为2018年的7.6，其中，2016年得分最高，达到9.52，之后维持在8左右，体现了上海企业在全球的影响力正逐步提升，入围企业数与企业排名趋于稳定（见图5-8）。

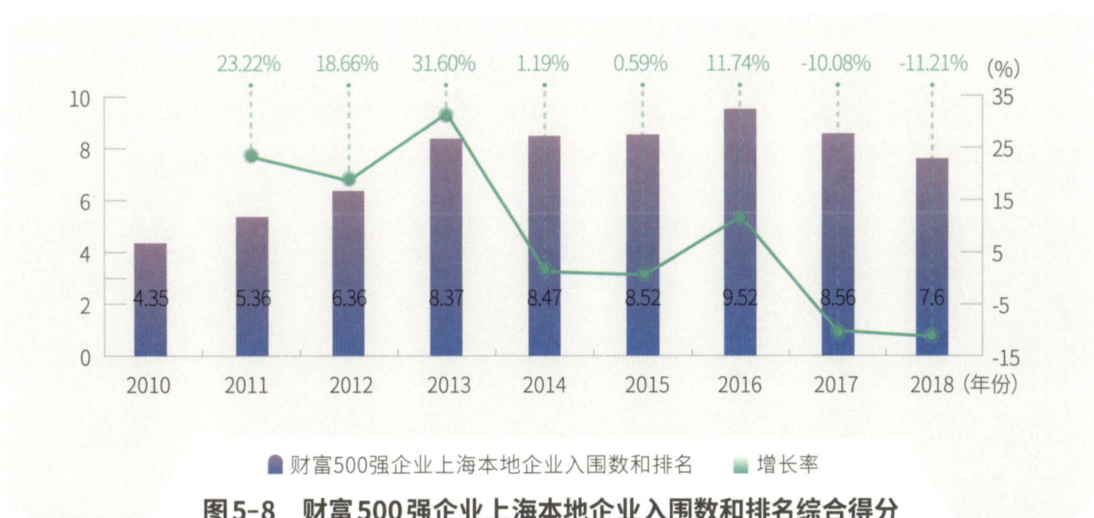

图5-8 财富500强企业上海本地企业入围数和排名综合得分

数据来源：上海市统计局内部资料。

2018年《财富》世界500强上海共有7家企业入围，入围名单与2017年相同，但盈利能力和整体排名有了明显提升。

表5-2 上海财富500强上榜企业年度排名情况

2018年排名	2017年排名	公 司 名 称	营业收入（百万美元）
39	36	上海汽车集团股份有限公司	136 392.5
149	162	中国宝武钢铁集团	66 310.0
150	168	交通银行	65 644.8
199	220	中国太平洋保险（集团）股份有限公司	53 572.1
202	252	绿地控股集团有限公司	52 720.9
216	227	上海浦东发展银行股份有限公司	50 545.7
279	335	中国远洋海运集团有限公司	42 607.7

资料来源：财富.2019年世界500强129家中国上榜公司完整名单［EB/OL］.（2019-07-22）［2019-09-21］. http://www.fortunechina.com/fortune500/c/2019-07/22/content_339537.htm.

6

创新环境吸引力研究分析

- 生态环境更加友好
- 政策环境持续优化
- 公民科学素质水平优势显著
- 新设企业占比趋于平稳
- 在沪常住外国人口持续稳定
- 固定宽带下载速率节节攀升
- 上海独角兽企业着力培育

SSTIC Index2019

6.1 生态环境更加友好

2018年上海全年环境空气质量（AQI）优良天数为296天，优良率为81.1%（见图6-1），优良天数比2017年增加21天，空气质量优良率比2017年增加了6个百分点。细颗粒物（PM2.5）年均浓度为36微克/立方米，较2017年下降7.7%，环境空气质量进一步优化。

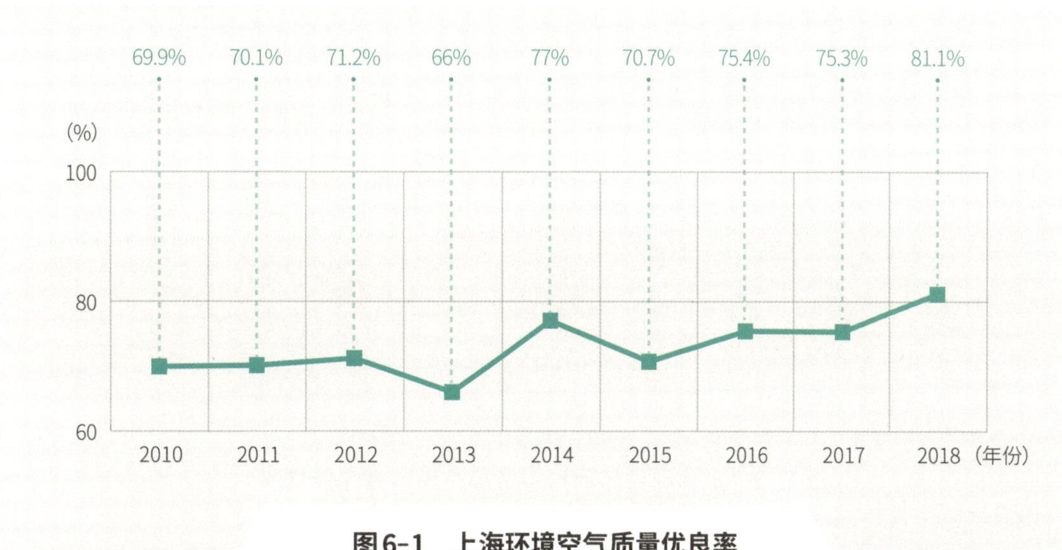

图6-1 上海环境空气质量优良率

数据来源：根据历年《上海统计年鉴》整理而得。

根据《2018中国生态环境状况公报》，2018年全国338个地级及以上城市中平均优良天数比例为79.3%，比2017年上升1.3个百分点。其中，7个城市优良天数比例为100%，186个城市优良天数比例为80%～100%，120个城市优良天数比例为50%～80%，25个城市优良天数比例低于50%。这说明全国市级层面生态环境整体较好，上海空气质量较好，为吸引人才来沪进行科技创新、创业提供了重要的环境保障。

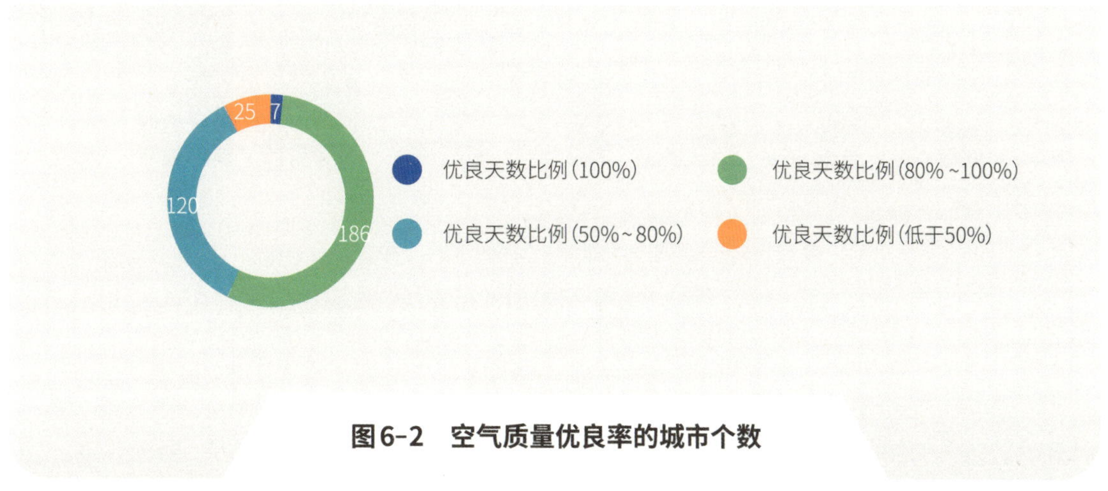

图6-2 空气质量优良率的城市个数

资料来源：国家生态环境部.2018中国生态环境状况公报［EB/OL］.（2019-05-29）［2019-10-29］.http://www.mee.gov.cn/hjzl/sthjzk/zghjzkgb/.

6.2 政策环境持续优化

2018年上海市研发加计扣除与高企税收减免额为470.99亿元，同比增长45.43%（见图6-3），体现了上海企业主体的创新环境不断优化，普惠性的优惠政策正在不断加大力度，大幅撬动了社会投入研发创新的积极性，为企业创新发展提供了重要支撑。

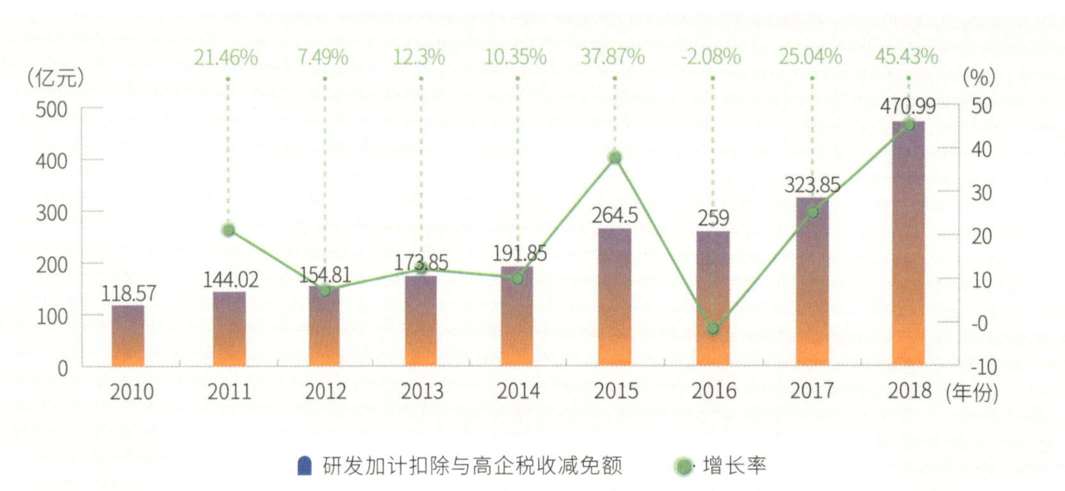

图6-3　上海研发加计扣除与高企税收减免额情况

数据来源：上海市统计局内部资料。

从享受研发加计扣除优惠的上海企业数量来看，2018年为16 818家，同比增长30.47%，研发加计扣除额为1 215亿元，减免所得税税额为303.75亿元，同比均增长80.85%。由图6-4可见，科创中心建设以来，上海企业享受研发加计扣除税收优惠程度加速上升，尤其是中小企业创新环境不断得到改善，全社会创新积极性和动力不断提升。

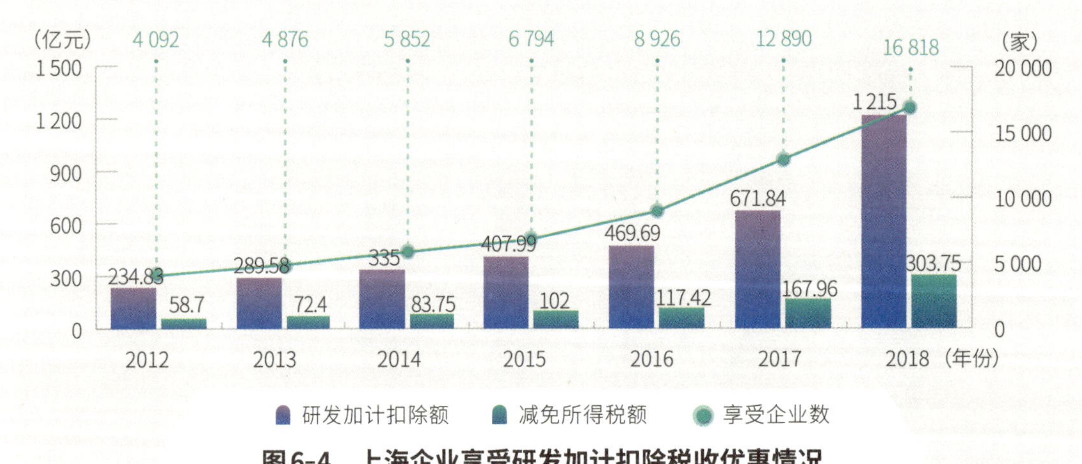

图6-4　上海企业享受研发加计扣除税收优惠情况

数据来源：上海市统计局内部资料。

2018年上海全市高新技术企业总数9 204家，享受税收优惠的高新技术企业为3 339家，同比增长2.45%，优惠金额为167.24亿元，优惠金额同比增长7.28%（见图6-5），由此可见，上海高新技术企业享受优惠政策的主体更多，依托政府政策扶持，鼓励高新技术企业加大研发投入，减轻企业经济负担，更好地营造利于高新技术企业发展的创新创业政策环境。

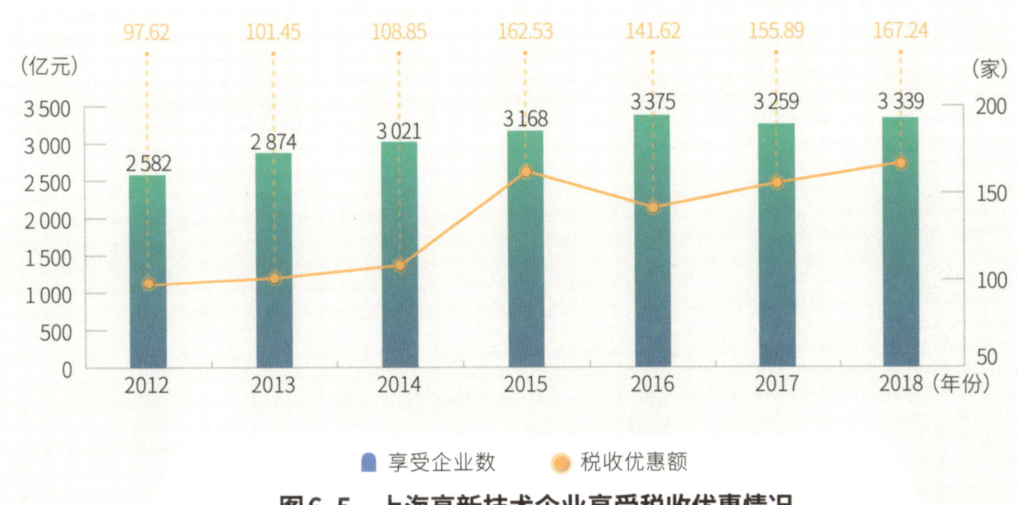

图6-5　上海高新技术企业享受税收优惠情况

数据来源：上海市统计局内部资料。

高新技术企业加快培育

2018年上海市发布《关于加快本市高新技术企业发展的若干意见》(以下简称《意见》)，提出力争到2020年，全市有效期内的高新技术企业达到1.5万家左右，营业收入超过3万亿元；到2022年，全市有效期内的高新技术企业达到2万家，并培育一批创新型领军企业。

为此，《意见》围绕"实施高新技术企业培育工程""提升高新技术企业创新能力""优化创新政策环境"和"提升政府创新服务水平"等4个方面，提出了12项政策措施，将符合《国家重大支持的高新技术领域》及上海市战略性新兴产业领域等纳入科技企业库培育。加大对科技企业的资助力度，对入库培育企业给予一次性资金支持，补贴金额最低20万元，最高200万元，切实促进科技企业研发及创新活动的开展。

科改"25条"提升策源能力

2019年3月上海发布《关于进一步深化科技体制机制改革增强科技创新中心策源能力的意见》(科改"25条")，提出要努力建设成为全球学术新思想、科学新发现、技术新发明、产业新方向的重要策源地。总体框架以增强科创中心策源能力为核心，围绕促进各类主体创新发展(机构科研体制改革并壮大企业主体力量)、激发广大科技创新人才活力(吸引人才来沪创新创业并优化人才评价制度)、推动科技成果转移转化(可在转化净收入中提取不低于10%用于机构建设和人员奖励)、改革优化科研管理(实行项目官员制度并完善科研经费管理)、融入全球创新网络(搭建科研人员和机构的国际国内科研合作网络)、推荐创新文化建设(加强上海创新文化品牌及知识产权保护政策)等6个方面展开，协同促进上海创新中心综合能力建设稳步提升。

6.3 公民科学素质水平优势显著

2018年上海公民科学素质水平达标率为21.88%（见图6-6），比2017年提升0.66个百分点，居于全国领先地位，比全国平均水平高出13.41个百分点，良好的公民科学素质水平是建设具有海派特色创新文化的坚实基础。

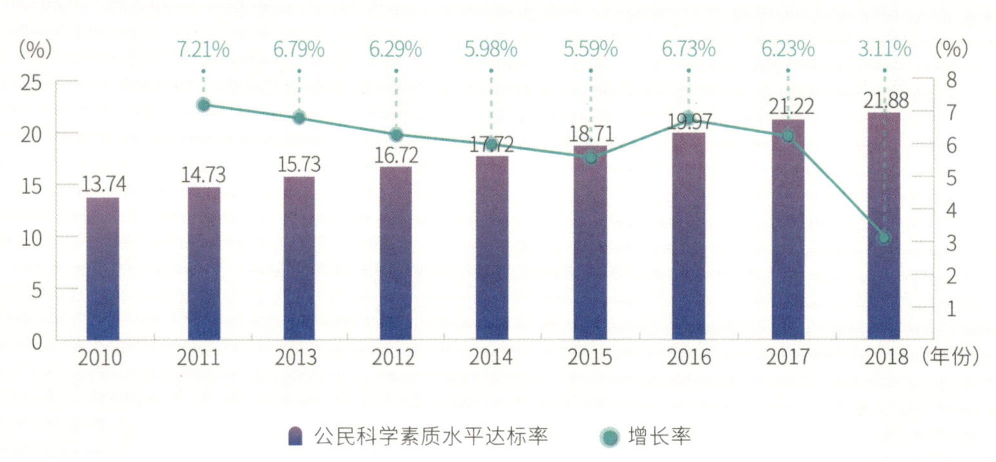

图6-6　上海公民科学素质水平达标率情况

数据来源：根据历年《中国公民科学素质建设报告》整理而得。

根据《中国公民科学素质建设报告》（2018年），总体来看，达标率超过10%的省市仅有6个，分别为：上海（21.88%）、北京（21.48%）、天津（14.13%）、江苏（11.51%）、浙江（11.12%）、广东（10.35%）。其中，上海21.88%的科学素养达标率为全国平均水平8.47%的2倍有余，为“大众创业、万众创新”提供了巨大支撑。

目前，上海不断推动科普事业发展和创新氛围的营造，科普活动和创新活动更为丰富和充实，其中，围绕空间站的“科学之夜”等活动持续开展，广受好评，创新创业大赛、中国创新挑战赛暨长三角国际创新挑战赛等活动蓬勃开展，联动举办上海科技奖励大会、浦江创新论坛、上海科技节等科技类重大活动，打造“上海科创品牌月”，创新氛围显著提升。

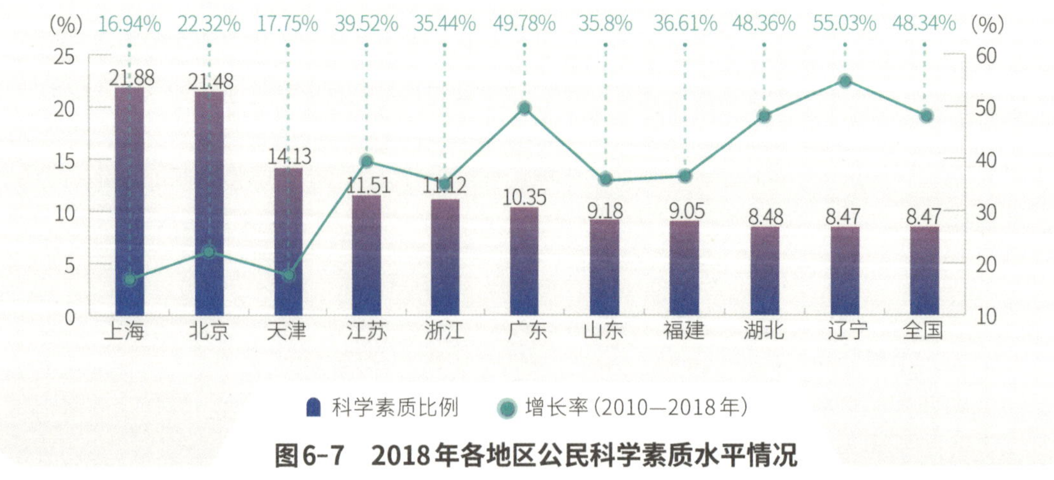

图6-7　2018年各地区公民科学素质水平情况

资料来源：全民科学素质纲要实施工作办公室.2018中国公民科学素质建设报告报［EB/OL］.（2018-09-21）［2019-09-21］. http://www.crsp.org.cn/uploads/soft/180921/1-1P921091320.pdf.

上海科普事业蓬勃发展

科普活动影响力进一步增强。2018年上海科技节期间，据不完全统计，全市举办各类科普活动2 300余场，300余家科普教育基地、80余家社区创新屋、150余家高校及科研院所、世界500强企业向市民开放，活动网络视频直播点击量超过1 000万人次，线下公众参与超过300万人次。

科普产业加快发展。2018年首批10个科普创业企业入驻孵化器，5家科普创业企业获得社会资本投融资，目前共建成科普产业孵化基地2个，在建1个，培育科普创业企业14个，企业自发成立上海科普产业联盟。

科普工作区域及国际辐射力进一步提升。2018年成功举办长三角一体化科普资源共建共享馆长论坛，三省一市8家科技馆发起成立长三角科普场馆联盟，150余家科普场馆、企业、高校加入联盟，签署52份共享课程合作协议、12份临展合作协议、17份文创产品合作协议。举办“一带一路”国际科普乐园，邀请瑞典、挪威、新加坡等国家优秀科普展项来沪展示。

6.4 新设企业占比趋于平稳

2018年新注册市场主体39.98万户，比2017年增加4.64万户，比2016年增加5.26万户，新注册市场主体数量持续增加，新设立企业数占比在17%左右（见图6-8），占比相对稳定，说明了上海充满了创新活力，新的市场主体不断涌现。

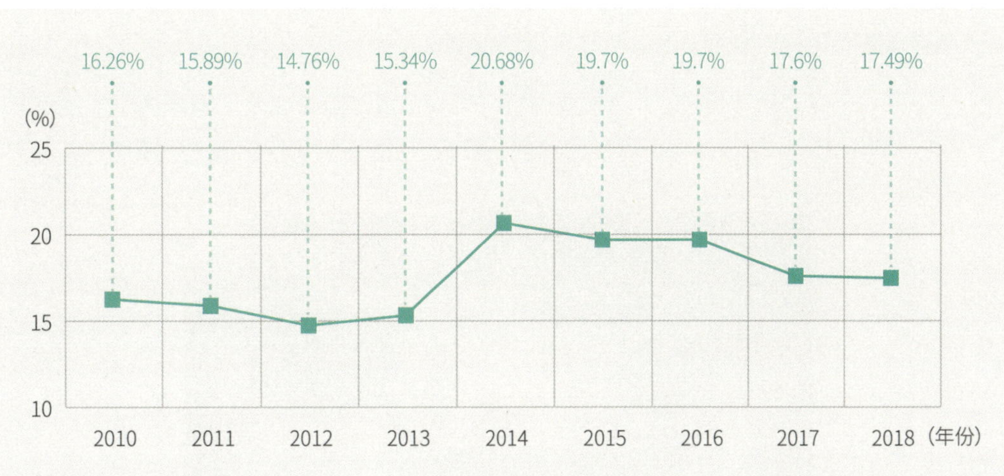

图6-8　上海新设企业数占比情况

数据来源：上海市统计局内部资料。

2018年上海新设企业达32.95万户，比2017年（29.23万户）增长12.73%，新设立企业数占比17.49%，比2017年稍有回落。从新设立企业的类型来看，包含内资、外商与私营企业，2018年内资企业同比增长43.08%，新设外商企业同比增长8.85%，新设私营企业同比增长12.24%，新设私营企业占新设企业的比重达95%左右。

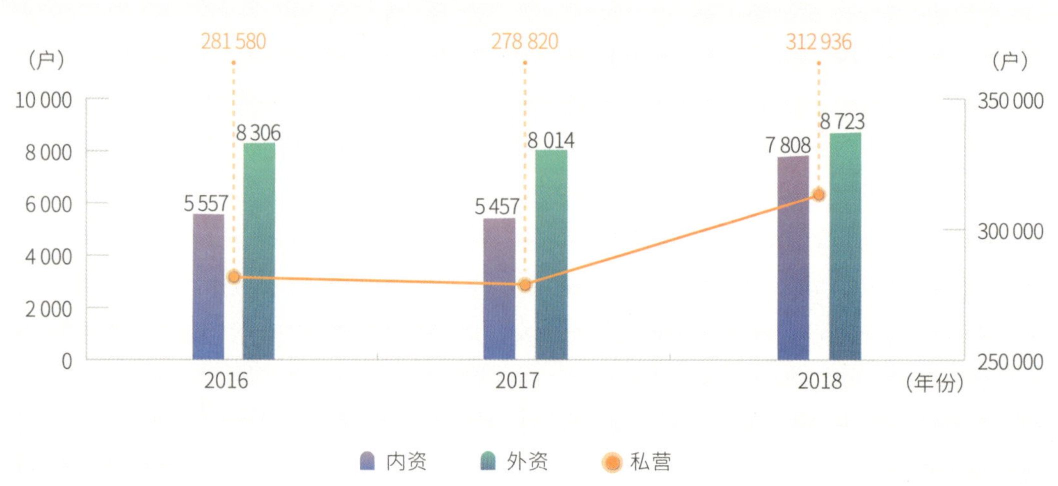

图6-9 2018年新设企业类型及企业数量

数据来源：上海市统计局内部资料。

营商环境不断优化

特斯拉上海超级工厂集研发、制造、销售等功能于一体，在2018年7月签约落户临港，2019年1月正式开工建设，从签约到开工仅用了不到半年的时间，年内已建成投产，开工到建成仅用了10个月，体现了“开办企业”的便利度。投资近3亿元的逸思科创园项目与浦东新区规土局签订合同后的24小时内就完成了施工许可证的核发，体现了项目审批手续的“神速”，为项目开工做好保障。

上海一系列项目审批及企业落地的案例不仅体现了“上海速度”，同时体现了上海不断优化的营商环境，切身为企业提供各种便利服务，使上海创新创业活力不断提升。

6.5 在沪常住外国人口持续稳定

2018年上海在沪常住外国人口数为17.2万人，比2017年的16.3万人增长近1万人（见图6-10）。相对而言，上海常住外国人口始终维持在17万人左右，2017年略有下降，随着科创中心建设带来的加大创新创业人才对外开放力度，2018年上海常住外国人口数量明显提升。2018年，上海全年共引进海外留学人员12 533人，办理外国人工作证80 399份，外国高端人才确认函（R字签证）395份。

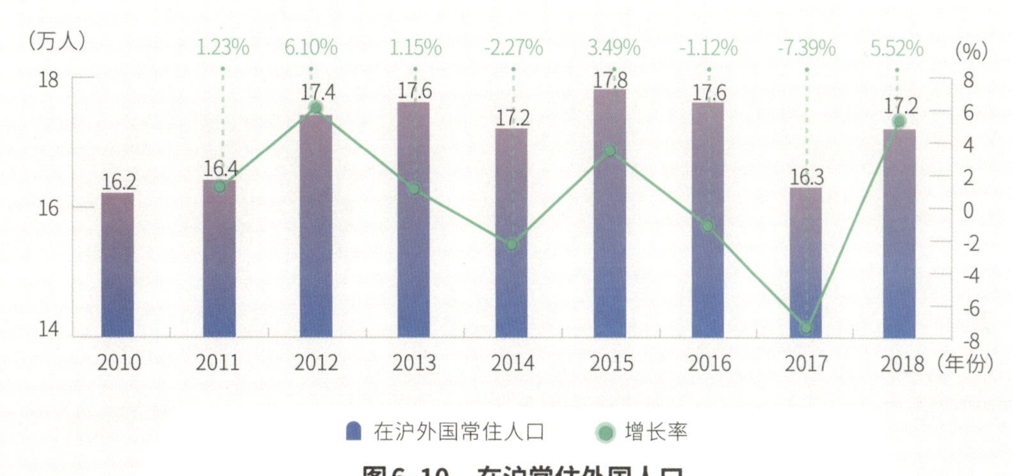

图6-10 在沪常住外国人口

数据来源：上海市统计局内部资料。

海外人才在沪政策加快落实

上海率先试点25条海外人才政策“组合拳”，降低外国人永久居留申办条件，放宽外籍人才就业年龄，简化入境和居留手续，确立市场、单位、行业的人才评价决定权。

2015年7月相关政策发布以来至2018年9月的统计结果显示，共办理科创新政永久居留申请1 962人，其中，经“双自”管委会推荐外籍高层次人才申请永久居留90人，家属27人；人才主管部门认定的外籍高层次人才申请永久居留83人，家属102人。共办理外国人居留许可28 647证次，其中，外籍人才办理工作类居留许可加注“人才”650人，办理私人事务类居留许可加注“创业”68人，办理学习类居留许可加注“创业”12人。共有11万余名外国人享受144小时过境免签入境政策，另有近2万名外国人享受游轮免签政策。

2018年全球科学家“理想之城”调查报告显示，在关于全球科学家最希望工作的城市调查中，上海在5个国内城市中排名第1位，在全球22个创新城市中位列第16位，说明上海已成为对全球科学家最有吸引力的中国城市。

6.6 固定宽带下载速率节节攀升

2018年上海固定宽带下载速率达31.86 Mbit/s，同比增长55.26%（见图6-11），在全国主要地区中下载速率排名第一。全市千兆光纤用户覆盖总量达900万户，比2017年末增加495万户。家庭光纤用户数达644万户，比2017年末增加65万户。家庭宽带用户平均接入带宽达139 M，移动通信用户感知速率达25.63 Mbit/s。

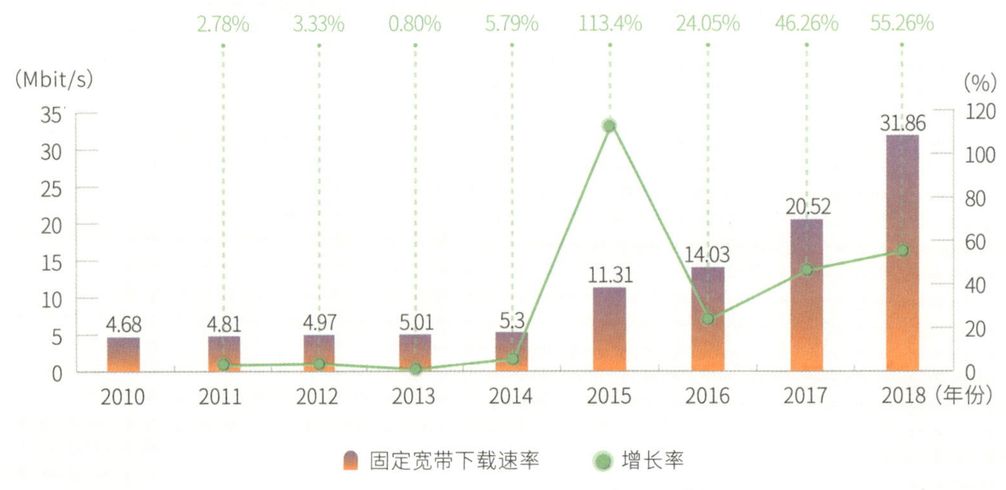

图6-11 上海固定宽带下载速率情况

数据来源：根据历年《中国宽带速率状况报告》整理而得。

2018年第四季度我国固定宽带网络平均下载速率达到28.06 Mbit/s，同比提升9.05 Mbit/s，年度提升幅度达到47.6%。排名靠前下载速率超过30 Mbit/s的省市为上海（31.86 Mbit/s）、北京（31.3 Mbit/s）、江苏（30.89 Mbit/s），上海固定宽带下载速率近些年来不仅增速显著，而且在全国省市中排名第一，体现了上海在整体企业发展的基础网络设施供应，特别是信息技术、金融、电子商务等行业经济发展中的优势。

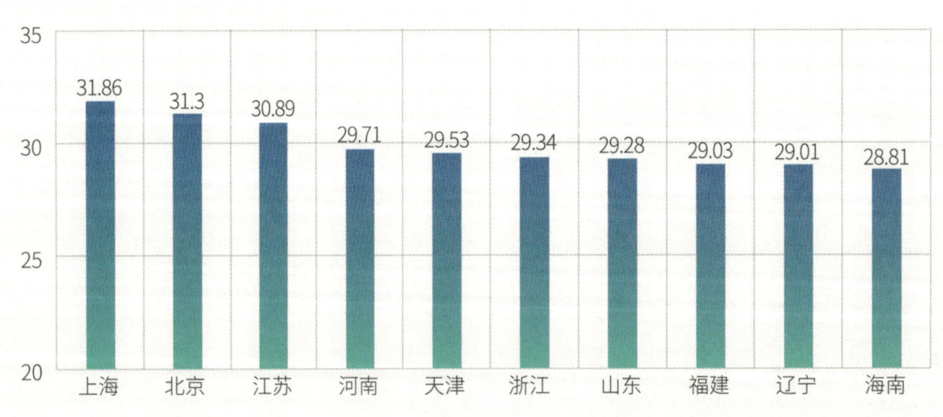

图6-12 2018年各地区固定宽带网络平均下载速率（Mbit）

资料来源：宽带发展联盟.中国宽带速率状况报告［EB/OL］.（2019-03-10）［2019-09-10］.http://www.chinabda.cn/class/18.

6.7 上海独角兽企业着力培育

根据长城战略咨询研究所发布的《2018年中国独角兽企业研究报告》，上海拥有独角兽企业38家，估值846亿美元（见图6-13），企业数量比2017年增加2家。

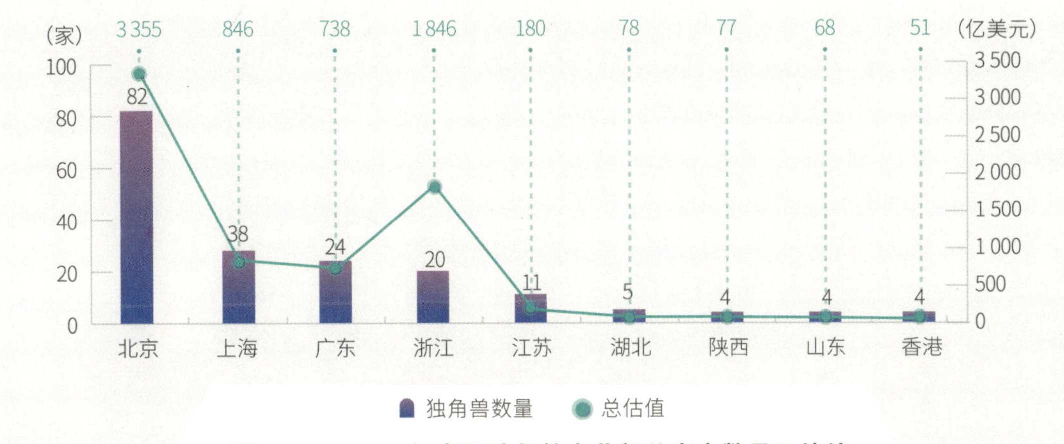

图6-13 2018年中国独角兽企业部分省市数量及估值

资料来源：长城战略咨询.2019年度中国独角兽企业榜单［EB/OL］.（2019-07-28）［2019-09-28］.http://www.chinagazelle.cn/directory/detail/9d19e49f09684f61b4c08b43efedc6ff.

报告指出，2018年全国独角兽企业数量202家，总估值7 441亿美元，平均估值36.8亿美元，上海总体规模仅次于北京，领先广东、浙江、江苏等地。从独角兽总体发展情况来看，独角兽企业共分布于22个行业领域，电子商务、智慧物流、新文娱、人工智能、新能源与智能网联汽车独角兽数量分列前五。与2017年相比，人工智能、智慧物流、新能源与智能网联汽车和大数据领域独角兽数量增长较快，其中，人工智能领域独角兽数量从6家上升到17家；智慧物流领域独角兽数量从11家上升到19家；新能源与智能网联汽车领域独角兽数量从9家上升到14家；大数据领域独角兽数量从4家上升到8家。

2018年上海的38家独角兽企业分布于15个行业，其中，电子商务、互联网教育、智慧物流行业分别有5家企业（见图6-14）。平安医保科技属于金融科技领域，以88亿美元的估值位列上海第1位，全国第10位。华人文化属于新文娱领域，以61.5亿美元的估值位列上海第2位，全国第13位。联影医疗属于生物医药领域，以50亿美元的估值位列上海第3位，全国第17位。

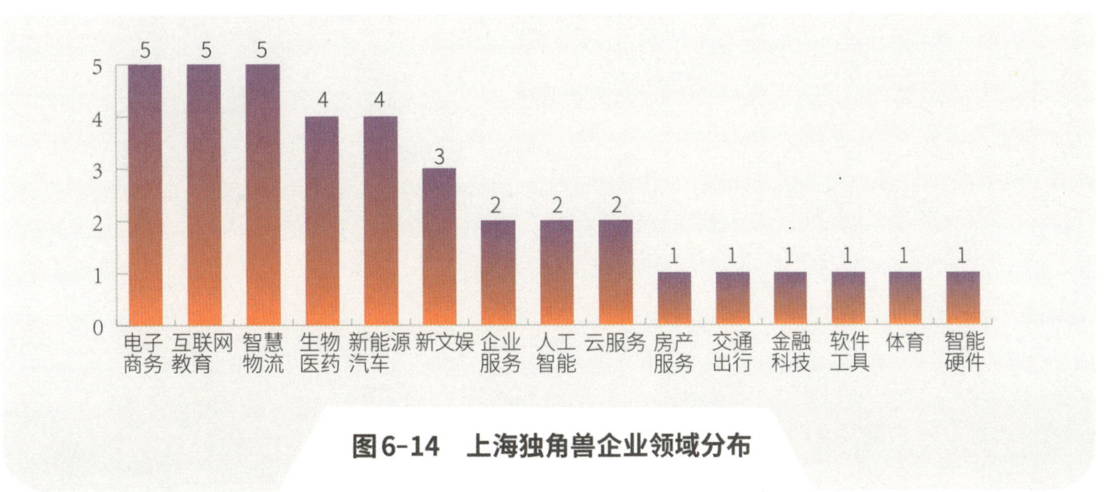

图6-14 上海独角兽企业领域分布

资料来源：长城战略咨询.2019年度中国独角兽企业榜单［EB/OL］.（2019-07-28）［2019-09-28］.http://www.chinagazelle.cn/directory/detail/9d19e49f09684f61b4c08b43efedc6ff.

7
附录

- 指标解释
- 全球智库城市排名中上海的位置

SSTIC Index[2019]

7.1 指标解释

01 全社会研发经费支出相当于GDP的比例

指全社会用于科学研究与试验发展活动的经费支出相当于地区生产总值的比例。该指标不仅是反映创新投入的指标，能够较好地评价一个地区的科技创新能力和水平，实际上也是反映结构调整，衡量经济和科技结合、科技经济协调发展的重要指标。该指标在世界范围内得到普遍应用，具有很好的国际可比性，是《国家“十三五”科技创新规划》和《上海市“十三五”科技创新规划》的核心指标之一。

02 规模以上工业企业研发经费与主营业务收入比

规模以上工业企业研发经费与主营业务收入的比值（规模以上工业企业指年主营业务收入为2 000万元及以上的工业法人单位），是用来衡量企业创新能力和创新投入水平的重要指标。该指标一方面反映了企业是否成为创新活动主体，另一方面直接影响到全国研发经费投入强度。该指标也是《国家“十三五”科技创新规划》的核心指标之一。

03 每万人R&D人员全时当量

R&D人员指从事研究与试验发展活动的人员，包括直接从事研究与试验发展课题活动的人员，以及研究院、所等从事科技行政管理、科技服务等工作人员。R&D人员全时当量是指从事R&D活动的人员中的全时人员折合全时工作量与所有非全时人员工作量之和，非全时人员按实际投入工作量进行累加。该指标是衡量一个地区创新人力资本的重要指标之一，也是《国家“十三五”科技创新规划》和《上海市“十三五”科技创新规划》的重要指标。

04 基础研究占全社会研发经费支出比例

基础研究是指为获得新知识而进行的创造性研究，其目的是揭示观察到的现象和事实的基本原理和规律，而不以任何特定的实际应用为目的。其成果以科学论文和科学著作为主要形式。创新型国家的一个重要特征是基础研究占研发总投入的比例较高。国际主要创新型国家的这一指标大多在15% ~30%。

05 创业投资及私募股权投资（VC/PE）总额

创业投资（VC）是指由职业金融家投入新兴的、迅速发展的、有巨大竞争力的企业中的一种权益资本，是以高科技与知识为基础，生产与经营技术密集的创新产品或服务的投资。私募股权投资（PE）主要指创业投资后期，对已经形成一定规模并产生稳定现金流的成熟企业的私募股权投资。VC/PE投资对一个地区的创新创业发展具有重要作用。

06 国家级研发机构数量

国家级研发机构指本市范围内由国务院及国家各部委设立或审批确认的各类研发机构，包括国家级企业技术中心、国家级重点实验室、国家工程技术研究中心和国家工程研究中心。国家级研发机构具有较强的研发水平和良好的科研溢出和引领带动作用，是科技创新非常重要的平台与载体，是反映地区科技创新基础的重要指标。

07 科研机构高校使用来自企业的研发资金

指科研机构和高校研发资金中来自企业的资金额。该指标能够反映产学研合作的密切程度，体现企业在本市科技创新体系中的主体地位，且具有良好的国际可比性。

08 国际科技论文收录数

国际科技论文收录数是指被《科学引文索引》（SCI）、《工程索引》（EI）和《科技会议录引文索引》（CPCI-S，原ISTP）三大国际主流文献数据库收录的期刊论文和会议论文数量。国际科技论文收录数是反映本市高水平科技成果产出的重要指标。

09 国际科技论文被引用数

国际科技论文被引用数是指国际科技论文被其他论文引用的总次数。该指标能够反映出本市科研成果在国际学术界的影响力。

10 国际专利（PCT）申请量

国际专利（PCT）申请是指通过《专利合作条约》（PCT）途径提交的国际专利申请。该条约规定，一项国际专利申请在申请文件中指定的每个签字国都有与本国申请同等的效率。通过该条约，申请人只要提交一件专利申请，即可在多个国家同时要求对发明创造进行专利保护。国际专利（PCT）申请量也是《上海市“十三五”科技创新规划》的核心指标。

11 每万人口发明专利拥有量

每万人口发明专利拥有量是指每万人拥有经国内外知识产权行政部门授权且在有效期内的发明专利件数，该指标能够衡量一个地区所获得发明专利的价值和市场竞争力。该指标也是《国家“十三五”科技创新规划》《上海市“十三五”国民经济发展规划纲要》和《上海市“十三五”科技创新规划》的核心指标。

12 国家级科技成果奖励占比

国家级科技成果奖励占比指本市所获国家自然科学奖、国家技术发明奖、国家科学技术进步奖等3类奖项总数在全国所占的比例。该指标反映了本市科技成果在全国的地位和贡献。

13 500强大学数量及排名

500强大学数量及排名是根据美国教育媒体USNews联合汤森路透发布的世界500强大学榜单中上海高校入围数量和排名综合合成的指数，主要反映本市大学教育和科研的综合水平。

14 全球“高被引”科学家上海入围人次

美国汤森路透集团每年发布的全球“高被引科学家”（highly-cited researchers）榜单通过对21个学科领域的论文“他引次数”进行排序，排名在前1%的论文为该领域的“高被引论文”，这些论文的作者则入选该学科领域“高被引作者”。该榜单较为客观地反映了科学家的学术影响力和前沿引领性，具有较高的权威性。

15 全员劳动生产率

全员劳动生产率指根据产品的价值量指标计算的平均每一个从业人员在单位时间内的劳动生产量，该指标数据由地区生产总值除以同一时期全部从业人员的平均人数计算得到。该指标反映了全社会单位劳动所创造的价值，体现了区域社会生产力的综合发展水平。

16 知识密集型产业从业人员占全市从业人员比重

知识密集型产业指在生产过程中对技术和智力要素依赖显著超过对其他生产要素依赖的产业，包括知识密集型工业（高技术工业）和知识密集型服务业等。知识密集型产业从业人员在全市从业人员中所占的比重反映了本市知识经济的发展程度。

17 知识密集型服务业增加值占GDP比重

知识密集型服务业统计范畴包括我国国民经济行业分类（GB/T4754-2011）中的信息传输、软件和信息技术服务业，金融业，租赁和商务服务业，以及科学研究和技术服务业这4个行业。

18 战略性新兴产业制造业增加值占GDP比重

战略性新兴产业是以重大技术突破和重大发展需求为基础，对经济社会全局和长远发展具有重大引领带动作用，知识技术密集、物质资源消耗少、成长潜力大、综合效益好的产业。现阶段重点培育和发展的战略性新兴产业包括节能环保、新一代信息技术、生物、高端装备制造、新能源、新材料、新能源汽车等产业。

19 技术合同成交金额

技术合同成交金额是指技术开发、技术转让、技术咨询和技术服务等4类技术合同的成交额。该指标体现了技术交易市场的活力，也反映了知识经济的发展水平。

20 每万元GDP能耗

每万元GDP能耗是指一定时期内，本市每万元生产总值所对应的能源消耗量。该指标反映了本市经济结构和能源利用效率的变化，体现了绿色发展的理念。

21 全市高新技术企业总数

根据《高新技术企业认定管理办法》规定，高新技术企业是指在《国家重点支持的高新技术领域》内，持续进行研究开发与技术成果转化，形成企业核心自主知识产权，并以此为基础开展经营活动，在中国境内（不包括港、澳、台地区）注册1年以上的居民企业。高新技术企业是发展高新技术产业的重要基础，是创造新技术、新业态和提供新供给的生力军，在我国经济发展中占有十分重要的战略地位。

22 外资研发中心数量

外资研发中心指由境外组织、企业、个人在本市投资设立的独资或合资性质的各类研究开发机构，是提高创新要素跨境流动便利性、承担全球研发职能、加强与境内外科研院所和企业合作的重要载体。2015年10月，上海发布了《上海市鼓励外资研发中心发展的若干意见》。

23 向国内外输出技术合同额

向国内外输出技术合同额指本市向国内外输出技术合同成交金额。该指标体现了本地技术创新的对外辐射力、技术溢出能力，体现了上海对外的产业影响力。

24 向长三角（苏浙皖）输出技术合同额占比

指本市向江苏、浙江、安徽三省输出技术合同成交总金额占各类技术合同成交总金额（包含本地技术合同成交金额、输出技术合同成交金额和引进技术合同成交金额）的比重。该指标反映了长三角区域创新体系内部创新资源配置的优化、创新协同的密切化，也体现了上海对长三角地区的科技创新辐射力和产业创新引领力。

25 高新技术产品出口额

高新技术产品是指符合国家和省级《高新技术产品目录》的新型产品，包括计算机与通信技术、生命科学技术、电子技术、计算机集成制造技术、航空航天技术、光电技术、生物技术、材料技术和其他技术共9类产品。该指标体现了本市高新技术产业领域的竞争力和产业转型升级的成效。

26 财富500强企业上海本地企业入围数和排名

财富500强企业上海本地企业入围数和排名是根据《财富》杂志每年发布的世界500强公司榜单中上海本地企业入围数量和排名综合合成的指数。该指标体现了上海本土龙头企业的国际地位和综合竞争力。

27 环境空气质量优良率

环境空气质量优良率指全年环境空气污染指数（API）达到二级和优于二级的天数占全年天数的百分比。空气质量已经成为影响区域生态环境、生活环境、工作环境和创新创业环境的重要因素。

28 研发费用加计扣除与高企税收减免额

研发费用加计扣除与高企税收减免额是指税务机关实际完成的对于本市企业研发费用加计扣除和高新技术企业所得税减免的数额。研发费用加计扣除是指依据《中华人民共和国企业所得税法》规定，企业开发新技术、新产品、新工艺发生的研究开发费用，可以在计算应纳税所得额时加计扣除。高企税收减免是指依据《高新技术企业认定管理办法》及《国家重点支持的高新技术领域》认定的高新技术企业，可以依照《企业所得税法》及《企业所得税法实施条例》《中华人民共和国税收征收管理法》《中华人民共和国税收征收管理法实施细则》及地方有关规定享受税收减免。研发费用加计扣除与高企税收减免是具有代表性的与科技创新密切相关的税收政策。该指标反映了这两项税收减免政策的执行效果，也表征为企业营造了良好的政策环境。

29 公民科学素质水平达标率

公民科学素质水平达标率是指根据中国公民科学素质调查结果，本市公民具备科学素质的比例。公民科学素质是上海建设具有全球影响力的科技创新中心不可或缺的基础。

30 新设立企业数占比

新设立企业数占比指当年新设立企业数与上一年企业总数之比，是表征经济增长活力的重要指标。当新增企业相对集中于某一产业领域时，表明经济结构变化和市场成长的趋势特征。该指标也是《上海市"十三五"科技创新规划》的指标。

31 在沪外国常住人口

外国常住人口是指实际上经常居住在一个地方（住所）的外国人口，一般在其住所居住半年以上。该指标能够体现城市的国际化发展程度和文化多元性。

32 固定宽带下载速率

固定宽带下载速率是指本市固定宽带网络平均下载速率，是智慧城市建设的重要指标。完善的信息技术设施在科技创新中心建设中具有不可或缺的基础性意义。

33 上海独角兽企业数量

独角兽企业指成立时间不超过10年，获得过私募投资，尚未上市，且企业估值超过（含）10亿美元的企业。独角兽企业在一定区域的密集涌现，反映了区域科技创业、高端创业活跃，创新经济蓬勃发展的态势。本指标数据统计来源为科技部火炬中心和长城企业战略研究所联合发布的《中国独角兽企业发展报告》榜单。

7.2 全球智库城市排名中上海的位置

近年来，一些知名跨国企业和国际智库机构每隔1~2年就会发布全球城市创新能力和竞争力榜单，如英国普华永道的《机遇之都》、日本森纪念财团的《全球城市实力指数》、澳大利亚2thinknow智库的《全球创新城市指数》和美国科尔尼咨询公司的《全球城市指数》等。以相关榜单为依据，我们对2011—2019年，上海、伦敦、巴黎、东京、纽约、旧金山、多伦多、新加坡*、香港、北京、首尔、莫斯科等12座全球主要大都市的排名变化进行了比较。

从相关榜单排名结果可见，纽约、伦敦、巴黎、东京等发达地区大都市处于全球创新城市一线地位。上海的创新能力和竞争力目前与领先城市相比仍有一定差距。

* 注：此处新加坡指城市。

森纪念财团《全球城市实力指数》

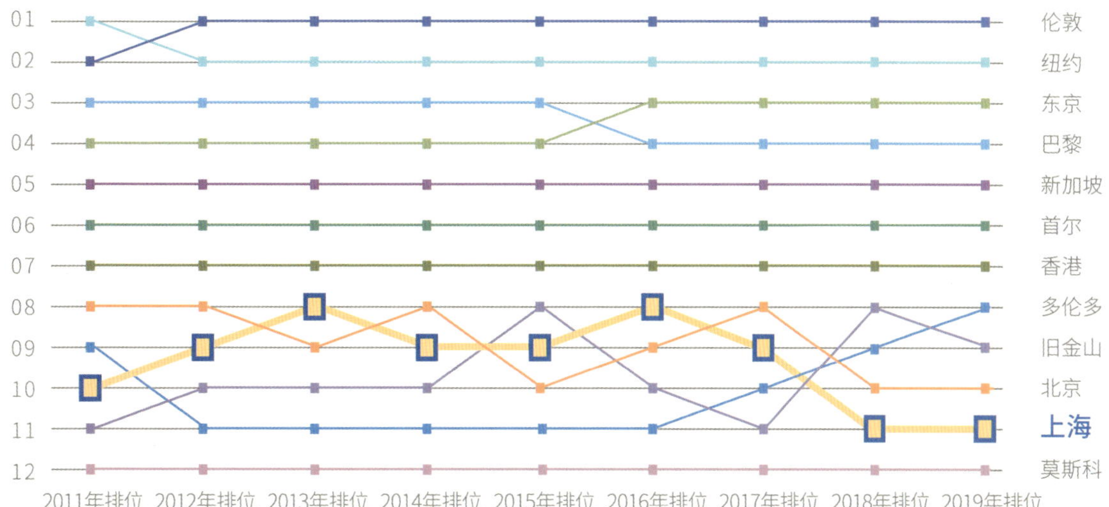

2thinknow《全球创新城市指数》

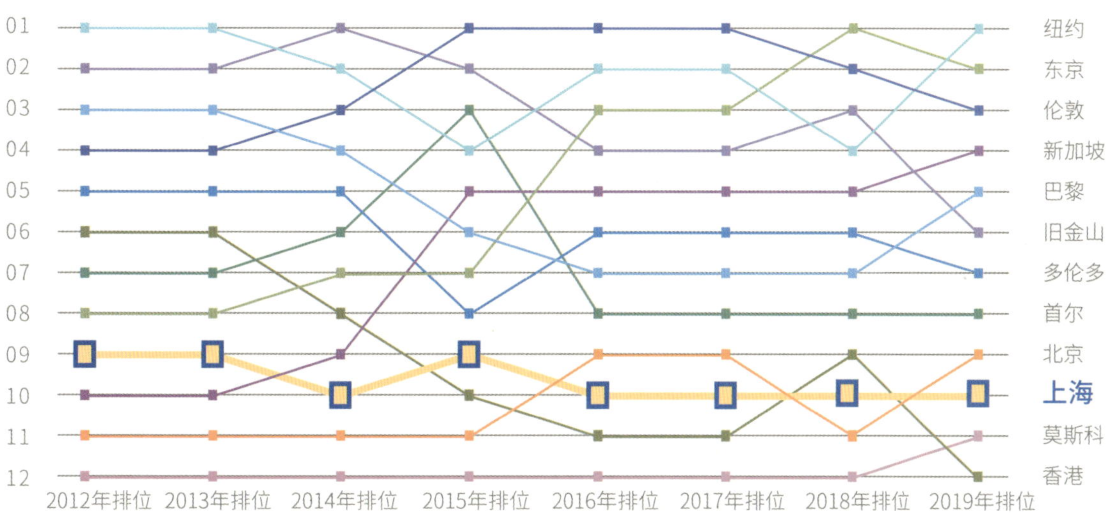

科尔尼《全球城市指数》

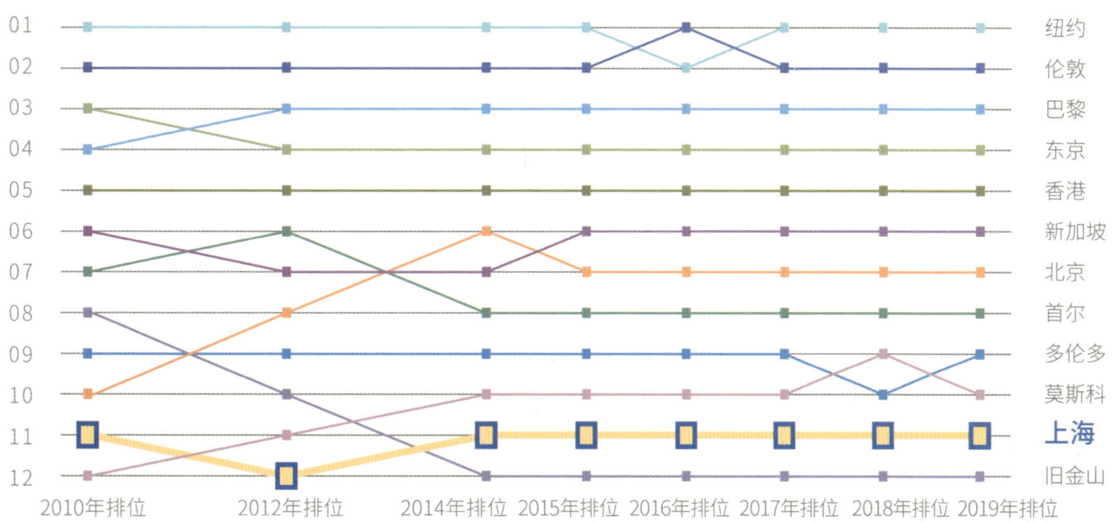

POSTSCRIPT
后记

《上海科技创新中心指数报告2019》是在上海市科学技术委员会的指导下，由上海市科学学研究所组织编制完成。报告研究编制组的主要成员包括石谦、张聪慧、于新东、张宓之、常静、王雪莹、芮绍炜、何雪莹、张宇、马敏等。

在本期指数报告的研究编制过程中，得到了上海市委组织部、上海市统计局、上海市商委、上海市知识产权局、上海市科学技术情报所、上海研发公共服务平台管理中心、上海市科技信息中心、上海市科技统计与分析研究中心等相关部门和单位的大力支持与宝贵建议，在此一并表示衷心的感谢！

监测全球科技创新发展动态，评估上海科技创新中心发展水平，需要深入探索研究区域创新发展需求。我们期待能与更多的专家学者深入探讨交流，汲取远见卓识，不断完善"上海科技创新中心指数年度系列报告"，更加及时、准确、系统地反映上海科创中心发展的新趋势与新需求，共同见证上海形成具有全球影响力的科技创新中心核心功能。

"上海科技创新中心指数"研究编制组

2019年12月